园林植物
景观设计与应用

第二版

刘云凤　著

Garden Plants

on Landscape
Design
and
Application

中国电力出版社
CHINA ELECTRIC POWER PRESS

内 容 提 要

植物景观设计是现代园林规划设计的主体部分，在园林景观设计中占有重要的地位。本书主要从植物设计理论、方法、案例三个方面系统讲解植物设计。其中，理论部分从自然界中的植物观赏群落、生态因素、植物个体观赏性等方面介绍了植物设计的基础；方法部分重点讲解植物设计中的表达方式，以及不同植物组合的设计模型、植物设计的流程等；案例部分选取典型的场地进行设计分析、对植物设计的完整文本示范讲解，有利于读者全面掌握园林植物景观设计的理论体系和设计方法。

本书每章节后设计有针对性的作业练习，方便学生及教师总结、复习，并在每章后留有二维码留言入口，方便读者交流。全书内容丰富、图文并茂，有很好的参考价值，适合作为高等院校教材使用，也适合相关专业的学生、教师、园林景观设计师、环境设计师和研究人员参考借鉴。

图书在版编目（CIP）数据

园林植物景观设计与应用 / 刘云风著 . — 2 版 . —北京：中国电力出版社，2022.5（2024.7 重印）
ISBN 978-7-5198-6721-8

Ⅰ.①园⋯ Ⅱ.①刘⋯ Ⅲ.①园林植物－景观设计－研究 Ⅳ.① TU986.2

中国版本图书馆 CIP 数据核字（2022）第 065365 号

出版发行：中国电力出版社
地　　址：北京市东城区北京站西街 19 号（邮政编码 100005）
网　　址：http://www.cepp.sgcc.com.cn
责任编辑：王倩（010-63412607）
责任校对：黄　蓓　王海南
装帧设计：锋尚设计
责任印制：杨晓东

印　　刷：北京九天鸿程印刷有限责任公司印刷
版　　次：2022 年 5 月第二版
印　　次：2024 年 7 月北京第九次印刷
开　　本：889 毫米 ×1194 毫米　16 开本
印　　张：13.75
字　　数：356 千字
定　　价：69.00 元

前　言

本书第一版于2008年出版，出版14年来受到广大读者的支持与喜爱。这14年来，无论是城市的发展，还是高校教学中的屡次改革，都将园林专业的发展向前不断推进。与此同时，园林植物设计的方法、素材也都在不断更新，原有的设计方法与素材已经无法匹配当下时代发展的步伐。因而笔者根据14年来教学与实践的积累，对本教材进行了更新与完善。

本次修订主要集中在以下几个方面：第一，增加了章节后的作业练习，便于教师和学生课后的总结与复习；书中设有二维码，读者可扫描进入公众号，留言交流，公众号将及时更新，增加与读者的互动，让这本书"活"起来。第二，精简了理论文字部分，更新了图片，更多以图片来讲述内容；更新了部分案例，使植物设计示范部分更完整，便于从业者学习；完善了原有的文字，使其更准确与严谨。

本书的再版编排与编写中，得到张鹤的全程支持与协助；案例部分的完善得到昆明理工大学郑兴瑜、张凤琴、陶光亮同学的协助，在此非常感谢！

同时，对本书第一版的出版给予支持的同事和同学表示感谢，包括西南林业大学张云老师、刘扬老师、研究生张艳，他们在本书的实例部分提供了大量的素材和文字编写中的建议；马晶晶、赵克敏、冯凌同学为书稿提供了手绘图稿；庄德兵、吴志刚、聂道坚、龙鹤文、曹波、游坚、沈志琪、宋益昊、罗伟平、张超、钟成林等为书稿编排校订给予了支持；周志文为书稿提供了部分照片素材；研究生谭玉丹、周媛为书中植物名录资料及图例资料进行了整理。

扫码获取更多
公众号信息

刘云凤

2022年3月

第一版前言

植物景观设计是现代园林规划设计的主体部分，在园林景观设计中占有重要的地位。

植物景观设计贯穿于园林规划设计的整个过程，重点表现在园林规划成型以后，与园林设施设计同步进行，依据园林规划中每个场景的不同定位和不同要求设计出不同的植物群体景观，使之在满足不同功能需求和审美需求的同时尽量生态化，营造回归自然的绿色景观。

植物景观设计从古至今都是在对大自然的不断探索过程中形成和发展的。无论是法国的规则式修剪园林，还是英国的乡村风景式自然园林，抑或是日本充满禅意感的精神园林，或是中国古典咫尺间见自然山水的浓缩园林，无不源自对自然界植物景观的不同阐释。

设计者通过对大自然中各种植物及其所组成的植物群落形态与形成机制的了解，最终可获得植物景观设计的源泉。人们在游览世界各地山川大河时，往往会被各种鬼斧神工的大自然景观所震撼。这些震撼心灵的奇妙景观多数源于自然界中的植物资源，或者与之有着丝丝相扣的关联。大自然的植物群落景观类型大致有：密林、纯林、疏林草地、荒原孤木、灌木丛林、高原草甸、草原、湿地植物群落等，这些植物群落就是我们城市环境中植物景观设计的原形。

随着城市的不断发展，城市环境日趋恶化，但因各种条件所限，人们很难频繁到郊外去享受大自然，只能在城市中寻求一方绿肺。城市环境的污染使城市中的许多植物难以存活，这给城市绿化的发展带来了很大困难，也给在城市环境里实现自然界中的植物群落景观效果带来了很多困扰。因此，我们正在力求改善植物种植环境，同时也通过植物育种改良扩大植物自身的适应性，从而使城市中也能有自然的植物景观成为可能。

通过向自然学习，我们学会了在适应城市功能需求的情况下，将城市环境中的植物景观尽量回归自然状态。经过归纳整理，城市的植物景观有以下几大类：背景丛林、可进入式林地、纯林（或林荫广场）、疏林草地、灌木配景、草本植物群植、湿地植物配置景观。通过各种植物的搭配形成封闭且私密的、半闭合（一面或多面开敞）的、视线上部封闭且下部通透的、视线全方位开敞的各种空间，加之不同色彩、质感、形态的艺术搭配，营造出不是自然胜似自然的人工植物环境景观。

由于植物景观设计是一个从构思到图纸，再通过施工来实现人们心中景致的过程，因此，从程序来看应该分三个步骤，包括设计构思、图纸表现、施工技法。鉴于任何一种思想都从其形成的理论出发，所以本书在编写过程中也以植物景观设计理论基础为出发点，之后再结合实际范例加以阐述。这有利于初学者知悉植物景观设计的理论体系并了解设计的过程，同时对于已经具备一定植物景观设计能力的读者来说，也会给予其更加清晰的概念和设计思路。

本书的图片来源广泛，有作者和朋友拍摄的，有从各类书刊收集的，还有很多的平面、立面、结构示意图，是作者与学生一起精心绘制的。全书图文并茂，内容丰富，适用于相关专业的学生、教师、园林景观设计师、环境设计师及研究人员，以及热爱园林植物生活的人士等。

尽管如此，本书在跨时三年的写作过程中，由于写作时间的不连贯而导致修订过程时断时续，这难免造成书中内容疏忽遗漏，敬请读者指正。

刘云凤

2008.10.10

目 录

前言
第一版前言
课程安排

课程安排

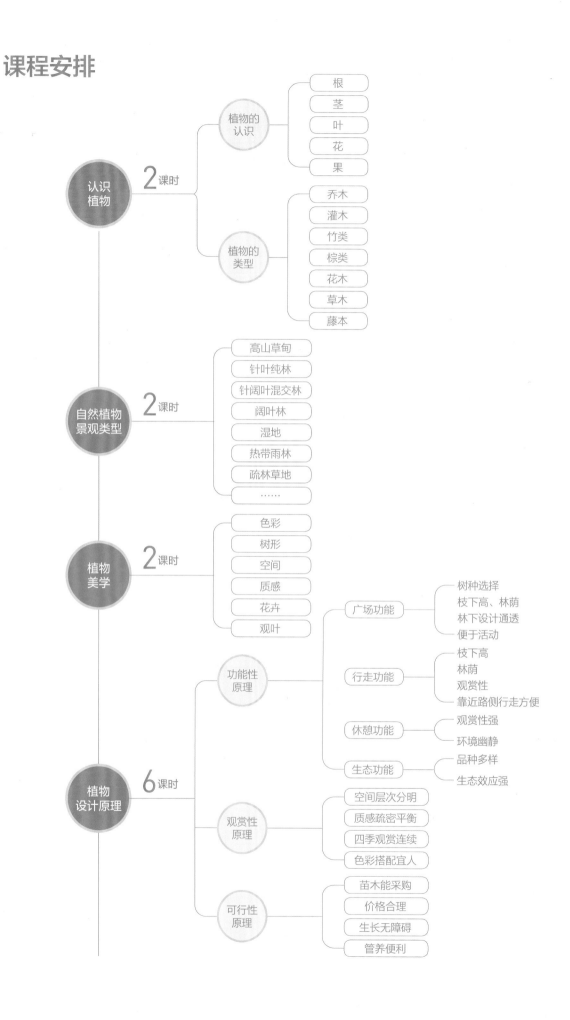

认识植物 — 2 课时
- 植物的认识
  - 根
  - 茎
  - 叶
  - 花
  - 果
- 植物的类型
  - 乔木
  - 灌木
  - 竹类
  - 棕类
  - 花木
  - 草木
  - 藤本

自然植物景观类型 — 2 课时
- 高山草甸
- 针叶纯林
- 针阔叶混交林
- 阔叶林
- 湿地
- 热带雨林
- 疏林草地
- ……

植物美学 — 2 课时
- 色彩
- 树形
- 空间
- 质感
- 花卉
- 观叶

植物设计原理 — 6 课时
- 功能性原理
  - 广场功能
    - 树种选择
    - 枝下高、林荫
    - 林下设计通透
    - 便于活动
  - 行走功能
    - 枝下高
    - 林荫
    - 观赏性
    - 靠近路侧行走方便
  - 休憩功能
    - 观赏性强
    - 环境幽静
  - 生态功能
    - 品种多样
    - 生态效应强
- 观赏性原理
  - 空间层次分明
  - 质感疏密平衡
  - 四季观赏连续
  - 色彩搭配宜人
- 可行性原理
  - 苗木能采购
  - 价格合理
  - 生长无障碍
  - 管养便利

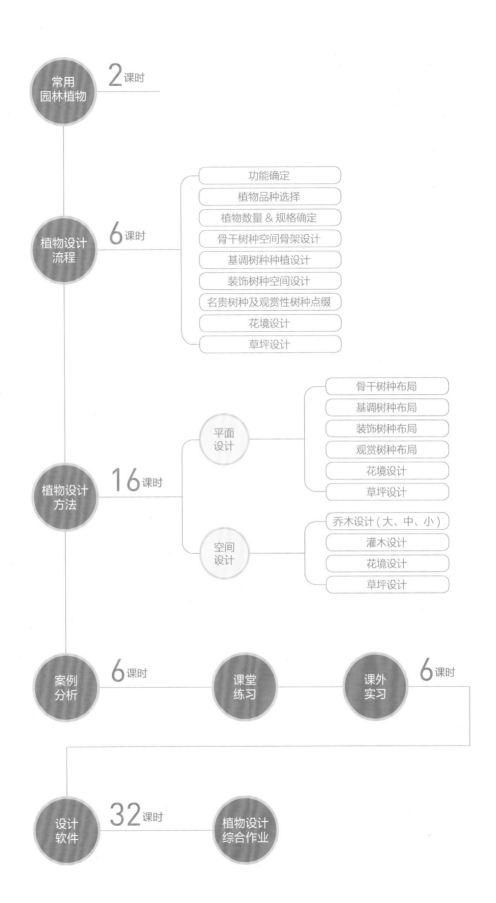

常用
园林植物　2课时

植物设计
流程　6课时
- 功能确定
- 植物品种选择
- 植物数量 & 规格确定
- 骨干树种空间骨架设计
- 基调树种种植设计
- 装饰树种空间设计
- 名贵树种及观赏性树种点缀
- 花境设计
- 草坪设计

植物设计
方法　16课时

平面设计
- 骨干树种布局
- 基调树种布局
- 装饰树种布局
- 观赏树种布局
- 花境设计
- 草坪设计

空间设计
- 乔木设计（大、中、小）
- 灌木设计
- 花境设计
- 草坪设计

案例分析　6课时　课堂练习　课外实习　6课时

设计软件　32课时　植物设计综合作业

第一章

概述

第一节　自然界中的植物景观与设计模型

　　自然界的植物景观并非以单个面貌呈现，而是以植物群落的整体面貌展现。植物群落是指具有一定的结构、一定的种类组成和一定的种间相互关系，并在环境条件相似的不同地段可以重复出现的植物群体面貌。

　　根据不同的生长环境，自然界的植物群落按照园林景观的视角大致可分为：密林、纯林、疏林草地、荒原孤木、灌木丛林、高原草甸、草原、湿地植物群落。

一、密林

　　地球表面的热量随所在纬度位置的变化而变化，水分则随着距离海洋的远近，以及大气环流和洋流的特点而变化。

　　水热结合影响气候、植被、土壤等的地理分布，一方面沿纬度方向带状伸展并发生有规律的更替，称为纬度地带性；另一方面从沿海向内陆方向带状伸展并发生有规律的更替，称为经度地带性，它们又合称为水平地带性。

　　此外，随着海拔高度的增加，气候、土壤和动植物也发生有规律的更替，称为垂直地带性。

　　以我国为例，自南至北因热量条件的变化所形成的密林分布为：热带雨林→亚热带常绿阔叶林→暖温带落叶阔叶林→温带针阔叶混交林→寒温带针叶林；从东到西，因水分条件变化，依次分布着落叶阔叶林或针阔叶混交林→草原→荒漠。在长白山，从山脚到山顶，随水热条件的变化从下到上分布着落叶阔叶林→针阔叶混交林→山地针叶林→山地矮曲林→山地冻原。

因上述三种（三向）地带性的作用及其他区域性条件的影响，地球上分布着各种各样的植物群落类型，下面简单介绍其中的几种主要类型（图1-1）。

1. 热带雨林（rain forest）

这是一种生物种类最多的植物群落，热带地区充足的阳光、充沛的雨水和肥沃的土壤为植物生长提供了极好的条件。之所以把热带雨林归纳为密林，是因为从景观的角度看，其垂直空间分层明显，下层植物生长密集，人类活动稀少或没有，几乎不具备可进入性。在生态分类中它包括有热带雨林和热带季雨林两种植物群落。

热带雨林分布在赤道南北5~100km范围内，群落内有丰富的粗大木质藤本、附生植物、板根现象、茎花现象、（半）绞杀植物等，植物种类丰富多样，乔木层可高达60~80m。群落层次结构复杂，有亚洲雨林、美洲雨林和非洲雨林3个群系，种类以亚洲雨林最为丰富，中国雨林处于亚洲雨林北缘。

热带雨林是密林中密闭度最大、生产力最高的一种植物群落（图1-2），该群落大致可以分为五层。第一层是由株高40~80m的露头树种组成。第二层树种在稍低的层次上形成不连续的冠层，与第一层树种会连成一片，共同构建一个几乎是完整的树冠层。第三层是最低的一个树木层，是由具有圆锥形树冠的树种组成的，它不仅是连续的，而且层次清晰。第四层由灌木、幼树、高草和蕨类组成，这些植物中很多都有伸长而向下弯曲的叶片，它们常被称为"滴水叶尖"，可使植物摆脱湿润环境中的过多水分、增强蒸腾作用和减少营养淋溶。第五层是由树木的幼苗、低矮的草本植物和蕨类组成的地表层。另外，还有不属于任何一层的攀缘植物，从最低层开始依附树木而上，使雨林植物景观显得更加繁茂。

热带季雨林又称半常绿半落叶林，其垂直分层特征与热带雨林相同，但由于要经

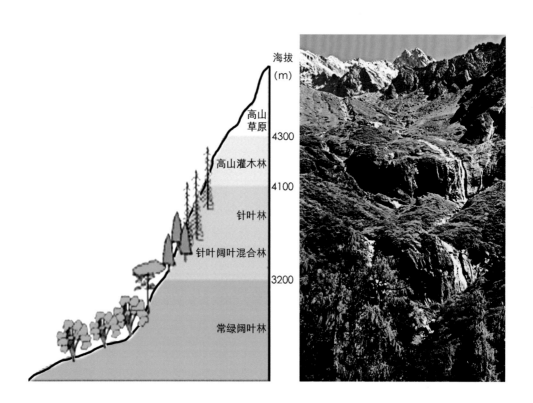

图1-1 植物的垂直分布示意

图1-2 热带雨林

1 热带雨林的顶层大乔木
2 热带雨林的次层大乔木
3 热带雨林的第三层小乔木
4 热带雨林的第四层灌木、低矮植物
5 热带雨林的幼苗、低矮的草本植物和蕨类
6 不属于任何一层的热带雨林的藤本植物

图1-3 热带雨林植物设计模型示意

历2~4个月的干旱期，在干旱期间大约有30%的上层树种要落叶，但下层树种和林下灌草层常年不落叶。

我国云南、广西、广东、台湾等地南部地区属于此带，如景洪、南宁、北海、湛江、海口、高雄等地。这里没有真正的冬天，基本全年无霜，降雨极丰富，植物种类极为丰富，桃金娘科、棕榈科、山榄科、紫葳科、茜草科、木棉科、楝科、无患子科等树种较多。

雨林内植物种类繁多，层次结构复杂。藤本植物种类丰富，尤其多木质藤本，出现层间层、绞杀现象、板根现象、附生景观，林下有极耐阴的灌木、大型草本植物和大型蕨类植物。在城市景观设计中，经常会模拟热带雨林的层次和植物类型（图1-3）。

2. 亚热带常绿阔叶林（evergreen broad-leaved forest）

这是亚热带地区的地带性植被类型。亚热带常绿阔叶林植物群落层次很丰富，结构比热带雨林简单，包括4、5个植物层次，乔木层分2、3层，除欧洲和南极洲以外各大洲均有分布，主要集中分布在我国亚热带。

我国北纬23°~34°的地区广泛分布着常绿阔叶林，它又可分为南亚热带季风常绿阔叶林、中亚热带典型常绿阔叶林、北亚热带常绿落叶阔叶混交林三种，其中以中亚热带的常绿阔叶林最为典型。以樟科、壳斗科、山茶科、木兰科、金缕梅科为群落优势种（图1-4）。

我国江苏、安徽南部、河南南部、陕西南部、四川东南部、云南、贵州、湖南、湖北、江西、浙江、福建、广东、广西大部、台湾北部等地属此带。

我国亚热带地区地形复杂，植物种类极为丰富，尤其西部山区是很多著名观赏植

图1-4 亚热带植物群落景观

图1-5 亚热带植物在城市景观群落中的模型

物的世界分布中心，如杜鹃、含笑、绿绒蒿、报春等。

自然植物景观中常绿阔叶林占绝对优势，其中山毛榉科、山茶科、木兰科、金缕梅科、樟科、竹类资源丰富。在城市景观设计中，设计者经常模拟亚热带植物群落层次设计模型（图1-5）。

① 圆冠阔叶大乔木　② 高冠阔叶大乔木　③ 高塔形常绿乔木　④ 低矮塔形常绿乔木　⑤ 圆冠形常绿乔木
⑥ 球类常绿灌木　⑦ 修建色带　⑧ 小乔木　⑨ 竖形灌木　⑩ 团形灌木
⑪ 可密植成片的灌木　⑫ 普通花卉型地被　⑬ 长叶形地被

3. 暖温带落叶阔叶林（deciduous broad-leaved forest）

这是温带地区的地带性植被类型。暖温带气候带植物发育好，品种丰富，群落结构简单，参差的植物群落包括4～5层，乔木层多为1层，冬季落叶、夏季葱绿，因此又称夏绿林。构成乔木层的全为冬季落叶的阳性阔叶树种，季相变化明显，其在世界上分布极为广泛，包括北美大西洋沿岸、西欧和中欧、东亚三大区域。

我国的落叶阔叶林可分为典型落叶阔叶林、山地杨桦林和河岸落叶阔叶林三类。我国辽宁大部、河北、山西大部、河南北部、陕西中部、甘肃南部、山东、江苏北部、安徽北部属于暖温带阔叶林。北起渤海湾，西至蒙古高原，南临秦岭，包括黄土高原、辽东半岛、山东半岛，有著名的华山、泰山、嵩山、太白山、崂山等，地形起伏，海拔高低不匀。

原始林主要是松栎混交林，其他如椴、椴、白蜡、杨、柳、榆、槐、椿、栾等树种。果树较多，有杏、桃、枣、苹果、梨、山里红、柿等（图1-6）。

4. 温带针阔叶混交林（coniferous forest）

这是寒温带的地带性植被类型，主要由常绿针叶树和落叶阔叶树混交组成。

乔木层优势种为松柏类针叶树，结构简单，温带阔叶林发育较好，树龄参差不齐，通常可分为4层。最上面的冠层是由优势树种和共优势树种所组成，其下是较矮的冠层树种，再下就是灌木层，地面层则由草本植物、蕨类和苔藓植物组成。

针叶林有明亮针叶林和阴暗针叶林之分。明亮针叶林优势种为松属和落叶松属种类，群落较稀疏，林下明亮；阴暗针叶林优势种为云杉属和冷杉属种类，群落较郁闭，林下阴暗。

针阔叶混交林主要分布于北纬40°～60°的欧洲西缘、北美洲东缘和亚洲东缘。亚洲针阔叶混交林以中国东北的东部为中心，包括俄罗斯的阿穆尔州的沿海地区，朝鲜

图1-6 暖温带落叶阔叶林

北部和日本的本州、四国中心部分。其北界为寒冷气候下的北方针叶林带，南与温暖和半干旱气候下的落叶阔叶林或森林草原相接。

在垂直分布上，针阔混交林广泛存在于温带以南各气候带的山地，介乎亚高山针叶林和低山落叶阔叶林之间。

亚洲针阔混交林以红松占明显优势，混生有云杉、冷杉、杨树、桦树、椴树、栎、榆树、槭树、白蜡树、核桃树、黄檗等树种，构成原生的松阔混交林。我国黑龙江大部、吉林东部、辽宁北部、哈尔滨、牡丹江、佳木斯、长春、抚顺等地属于温带阔叶林。模拟温带针、阔叶混合林植物群落的植物设计模型（图1-7）如下。

图1-7 模拟温带针、阔叶混合林

① 圆冠阔叶大乔木　② 高冠阔叶大乔木　③ 高塔形常绿乔木　④ 低矮塔形常绿乔木　⑤ 圆冠形常绿乔木
⑥ 球类常绿灌木　⑦ 小乔木　⑧ 竖形灌木　⑨ 团形灌木　⑩ 可密植成片的灌木
⑪ 普通花卉形地被　⑫ 长叶形地被

二、疏林及疏林草地

这种植物群落在外貌上呈现出来的景观很茂盛，将其界定为疏林关键在于林下较空旷，可进入性比较强。

在生态分类中包括有温带针叶林和寒带针叶林。两种针叶林植物一般为两层，上层为针叶林，下层为草本植物作为地被层。上层针叶林一年四季没有变化，但草本地被层四季变化较为明显。

疏林草地景观以低矮草本类植物为基底，其上疏密有致地点缀林木，这些林木或孤植或成组团种植，形成一幅开合得当的自然景观。

疏林草地是自然界中一种具有浪漫情调的植物景观，如具有热带风情的热带稀树草原，具有英伦乡村风情的丛树草地。

图1-8 疏林草地的自然景观

热带稀树草原的垂直结构虽然不发达，但水平结构却很明显。丛生的草本植物在开阔平原上形成一片片低矮的植物斑块。由于其小气候经常在变化，再加之木本植物的生长，灌木和树木的错落有致更增加了水平结构的复杂性（图1-8）。

温带针叶林的垂直分层不明显，通常树冠层很密，致使林下植物发育较弱，地被层主要是蕨类、苔藓和少量阔叶草本植物，枯枝落叶层较厚，分解程度较差。

垂直分层现象不发达也影响了林内环境的分层性。大部分阳光在穿过树冠层时就被吸收了，所以林内光线很弱，但有些松林透光性较好，林下有较多的草本植物和灌木。

我国的黑龙江、内蒙古北部属于寒温带，主要乔木有兴安落叶松、西伯利亚冷杉、云杉、樟子松、偃松、白桦、山杨、蒙古栎。林内结构简单，基本为乔木和草本，中间灌木层少。

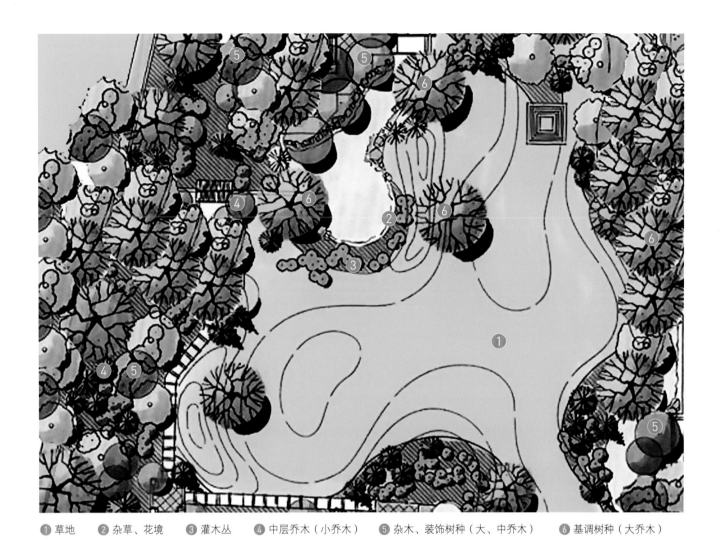

① 草地　　② 杂草、花境　　③ 灌木丛　　④ 中层乔木（小乔木）　　⑤ 杂木、装饰树种（大、中乔木）　　⑥ 基调树种（大乔木）

图1-9 疏林草地在城市中的运用模型

　　疏林是一种可进入式游乐林地，也是城市中常用的林地形式，在城市中除了借鉴自然界的疏林形态以外，在植物选择上更加灵活，不限于寒温带气候下的植物特征（图1-9）。

三、纯林

　　自然界中由单一树种构成的树林称纯林。林下景观往往干净利索，多数为次生林或人工造林。

　　常见的纯林有白桦林、松树林、竹林、桉树林等。

　　由于纯林林下空旷，可进入性很好，为人类的自然活动提供了可能，常成为人们聚会、野营等活动的选择地，也被称为森林氧吧（图1-10、图1-11）。

　　城市中人流密集的地方需设计纯林形式，既能保证林荫及绿化，又能提供足够的活动空间。

图**1-10** 城市中的纯林

图**1-11** 自然界中的纯林

图1-10
——
图1-11

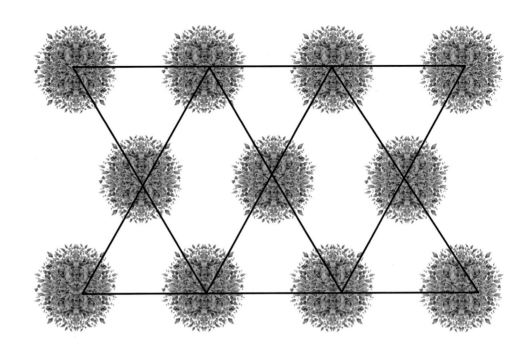

四、灌木丛林

灌木丛林是以灌木为主的植被或植物群落。灌木是指那些具有多个并生的茎，但没有主茎的多年生木本植物，植高4.5～8m。在恶劣的条件下，乔木有时长得比灌木还矮小，而有些灌木也可以长得很高大而且只有一个茎。

灌木丛林多数分布在环境恶劣、水分稀少的岩石或旱地上，由于缺乏水分，所以其根系扎得很深，以便吸收土壤深处的水分（图1-12）。灌木丛林在城市中常作为空间视线隔离的常用手段，可创造出丰富的层次和色彩（图1-13）。

五、草原

草原是由多年生低矮草本植物构成的植物群落。我国的草原可分为草甸草原、典型草原、荒漠草原和高寒草原。草原的明显特征是主要由禾本科植物组成，它们的生长期很短，从春季到秋季便会完成一次生命更替。草原植被垂直结构通常分为地上草本层、地面层和地下根系层（图1-14）。

六、湿地

湿地是一个覆盖着水和生长着水生植物的区域，水生植物依其形态特征和生长习性又可分为沉水植物、浮叶植物、漂浮植物和挺水植物（图1-15、图1-16）。湿地的潮湿程度有很大差异，有些湿地是永久性的浸水地，而有一些湿地土壤只是周期性出现水分饱和状态。在一定的生长季节内，它们都生长着水生植物。

淡水湿地大体分为盆地湿地、河流湿地、海洋大湖岸湿地三种类型。这三种湿地的主要依据水移动方向的不同来划分。盆地湿地的水移动方向是垂直的，雨水呈细丝状从上面落下；河流湿地的水是单方向流动的；而海岸大湖岸湿地的水流动方向是双向的，它涉及大湖水位上下波动和涨潮退潮的潮汐活动。由于水流具有携

图1-12 色彩丰富的灌木丛林

图1-13 灌木丛林景观形态，塑造出丰富的视觉空间焦点

图1-14 阔叶草本植物的草原外观

图1-12
图1-13
图1-14

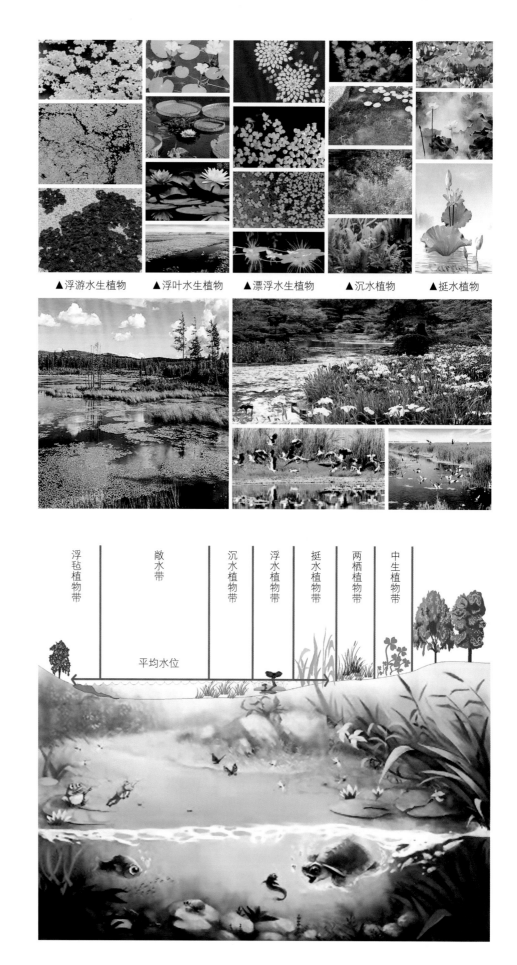

▲浮游水生植物　　▲浮叶水生植物　　▲漂浮水生植物　　▲沉水植物　　▲挺水植物

浮毡植物带　敞水带　沉水植物带　浮水植物带　挺水植物带　两栖植物带　中生植物带

平均水位

带、搬运营养物和沉积物的作用，根据不同湿地植物类型可以分为草本沼泽和森林湿地。

自然界中的植物群落，对城市景观建设有很大的借鉴作用，是植物造景参考的原型。

第二节　园林植物相关概念及作用

一、相关概念

1. 园林植物

园林植物是经过人们的选择，适应于城市绿地（公园绿地、单位附属绿地、防护绿地、生产绿地和其他绿地）栽植的植物。它不仅包括具有较好观赏性的植物，还包括起着卫生防护、改善环境作用的生态保护植物。

2. 园林植物设计

根据场地自身条件特征及对场地的功能要求，通过美学手法，利用植物乔木、灌木、藤本及草本植物的不同色彩、质感、形态和香味来组合搭配，充分发挥植物本身形体、线条、色彩等自然美，创造具有空间变化、色彩变化、韵味变化等观赏性强的植物空间，使人在所到之处都能观赏到一幅幅美丽动人的植物画面。

二、作用

1. 美化作用

（1）改善城市环境的生硬面孔

植物有着优美的形态和色彩，是城市环境最好的美容师。植物本身具有柔美的特征，婆娑的枝叶使城市生硬的建筑边缘得以柔和，多变的色彩为人们带来了艺术欣赏中的冲击感。

（2）作为观赏对象

植物材料可以作为园林景观的主景，创造出各种主题的植物景观。有许多经典的园林景观都是以植物为主景进行组织的。作为主景的植物形象要稳定，观赏性要好，或有优美的色彩、花果等，或有极佳的群体美。

以植物作为背景，可以给主景创造出最佳的衬托感，根据前景的形态、尺寸、质感和色彩，来确定背景植物的高度、宽度、种类和栽植密度，以保证前后景之间，既有整体感又有对比与衬托感。

（3）创造空间，安排视线

植物材料本身是立体的，利用它可以产生一定的视线条件，创造空间感，提高视觉和空间序列质量。通过遮挡或引导来组织空间视线，从而创造空间的封闭与开敞。根据空间开敞与封闭的程度，可以将空间分为封闭空间、半开敞空间与开敞空间。

2. 改善小气候

小气候主要是指从地面到10～100m高度空间内的气候，这一层正是人类生活和植物生长的适合区域。人类的生产和生活活动、植物的生长和发育都深刻影响着小气候。植物叶面的蒸腾作用能调节气温、调节湿度、吸收太阳辐射热，对改善城市小气候具有积极的作用。

（1）调节气温，增加湿度

植物材料通过蒸腾作用可以改善周围的温度，实验表明，种植植物是创造立体环境舒适小气候的最有力且最经济的手段。植物表面水分的蒸发能控制过热的温度，并增加空气湿度，从而创造凉爽、湿润的宜人空间。

森林枝叶的蒸腾作用，使其上空的水汽增多，容易凝结成雨，减少干旱。夏日，植物通过树荫遮住烈日，创造树荫下的凉爽地带；冬日，阳光又可以通过落叶后的树枝缓缓将温暖送达到地面，改善树底下的温度。植物还可以通过茂密的枝叶阻挡狂风暴雨，让植物的下方得到相对的安宁。

研究资料表明，在夏季，当城市气温为27.5℃时，草坪表面温度为20～24.5℃，比裸露的地面低6～7℃，比柏油路面低8～20.5℃。而在冬季，铺有草坪的足球场表面温度则比裸露的球场表面温度高4℃左右。据观测，绿地的相对湿度比非绿化区高10%～20%，行道树也能提高10%～20%的相对湿度。

（2）降低风速，改变风向

城市的带状绿地，如道路绿化与滨江、滨湖绿地是城市的绿色通风走廊，可以将城市郊区的自然气流引入城市内部，为炎夏城市的通风创造良好条件；而在冬季，则可降低风速，发挥防风作用。

（3）改善温室效应

工业社会的快速发展造成了温室气体排放量过大，而吸收温室气体的植物却在一天天地减少。这导致温度无法降低，造成温度持续偏高，形成温室效应。

大气中的水汽、二氧化碳等，可以透过太阳辐射，又能强烈吸收地面辐射，使绝大部分的地面辐射能量保存在大气中，并通过大气辐射向上传递。

大气辐射向下指向地面的部分，方向与地面辐射相反，就是大气逆辐射。大气逆辐射也几乎全部为地面所吸收，这就使地面因辐射所损耗的能量得到了补偿，因而大气对地面有保温作用。

植物不仅可以改善温室效应带来的全球变暖问题，而且还可以改善局部地区的小环境。

（4）缓解热岛效应

白天，在太阳照射下，地球表面的下垫面通过蒸散（含蒸发和植物蒸腾）过程而进入低层空气中的水汽量称为蒸散量。城区的蒸散量小于郊区的，特别是在盛夏季节。郊区农作物生长茂密，蒸散量远大于城区的。

实践证明，在绿地面积大、绿化率高的城市里，城市热岛效应得到了明显的缓解。

综上所述，植物对局部地区小气候的形成起到了积极的作用，对改善城市气候系统，提高城市人们生活质量，调节水分循环，以及改善大环境都有着重要的作用。

3. 生态保护作用

（1）生产氧气

植物通过光合作用吸收、利用太阳的光能，把简单的无机物——水和二氧化碳，合成复杂的有机物——碳水化合物，并释放氧气。

（2）保护环境

植物对环境的保护作用，主要反映在它对大气、水域、土壤的净化作用上。

植物对大气的净化，首先通过叶片吸收大气中的毒物，减少大气中的毒物含量；其次植物叶片能降低和吸附粉粒。

植物对水域的净化，主要表现在对有毒物质进行分解转化和富集两个方面。在水中，有毒物质浓度低的情况下，水生植物能吸收某些有毒物质，并将有毒物质分解和转化为无毒物质。水生植物吸收并富集的有毒物质，一般可高于水中毒物浓度的几十倍、几百倍甚至几千倍。利用植物富集能力来净化水域时，必须注意食物链的延伸对人类的影响。

植物对土壤的净化，主要表现为对土壤中污染物质的吸收，如植物吸收土壤中的化学农药、毒性除莠剂、工业废水、废渣等中的有毒物质，从而减少了土壤中污染物质的数量。

（3）保持水土

植物对水土的保持作用以森林最为突出，森林的存在，使雨水可以通过树冠缓缓下流，经地面的枯枝落叶渗入土中，减少雨水在地表的流失和对表土的冲刷。因此，河川上游若有茂密的森林就能涵蓄水源，使清水长流、削减洪峰流量、保护坡地、防止水土流失。

在自然排水沟、山谷线、水流两侧若种植耐水湿的植物，可以稳定坡带和边坡。除森林外，灌丛和草丛也具有保持水土的作用，特别是在陡坡、沙地、土层瘠薄等很难形成森林的地段。充分发展灌丛或草丛，就能很好地防止水土流失。

4. 精神作用

植物是艺术的，通过植物外观可以使人感受到其美妙的艺术氛围，让人沉醉在诗般的画境中，给人以艺术熏陶；植物又是科学的，俗话说"十年树木，百年树人"，植物从胚胎到植株的成长过程，以及对植物各生长阶段——花、叶、果、干的细化研究后形成了植物科学，这一切都愉悦了人们的精神。

作业

1. 亚热带植物群落在城市景观设计中的模型是怎样的？
2. 疏林草地是如何在城市园林中运用的？
3. 纯林通常用在哪些城市环境中？
4. 湿地环境中都有哪些植物类型？分别怎样布置？

第二章
植物的观赏特征

　　植物是感性的，个体植株通过形态、色彩、质感、香味等所表达的韵味，以及人们赋予它的拟人化性格，立体而生动地展现在人们面前，充满了灵性。通过对植物观赏特性的认识，以及从外表到其内涵的充分理解，设计者可以为场地物色到恰当的植物素材，恰如其分地展现场景的景观特色。

第一节　形态

　　没有两棵植物的形态是一模一样的，但同种或不同种植物在外形上可能类似，从而可以将其进行归纳，用于设计构图。树干的形状一般有直立干（大多数的乔木）、并立干（少数从基部分叉的乔木）、丛立干（灌木类植物）；树冠的形状有圆球形、圆锥形、尖塔形、卵形、柱形、伞形、杯形，并且很多耐修剪植物也可以创造出更多的形状，以供景观造型使用。植物的形态最基本的是其整株的外形，另外还有叶形、花形、干形、果形、刺毛的形态及根的形态，这些形态在园林造景的不同观赏距离中都能起到一定的作用。

一、树形

　　在园林植物景观设计中，树形是造景的基本因素之一，它对园林景观的创造起着巨大的作用。如为了突出广场中心喷泉的高耸效果，亦可在其四周种植低矮且浑圆形的乔灌木。至于在庭前、草坪、广场、水面的孤植树则更说明了树形在园林植物景观设计中的巨大作用。不同树种的树形主要由遗传因素决定，也受外界环境因子的影响，其在园林应用中整形修剪则起着决定性作用。园林树木的树形通常可分为下述几种类型。

（一）针叶树类（图2-1）

圆柱形　　　尖塔形　　　圆锥形　　　广卵形　　　卵圆形　　　盘伞形

密球形　　　倒卵形　　　丛生形　　　苍虬形　　　偃卧形　　　匍匐形

图2-1 针叶类树木的各种形态

1. 乔木类

1）圆柱形，如黑松、杜松、塔柏等。

2）尖塔形，如雪松、窄冠侧柏、冷杉、落羽杉、南洋杉、水杉、冲天柏等。

3）圆锥形，如桧柏、金钱松、白杆等。

4）广卵形，如圆柏、侧柏等。

5）卵圆形，如球柏。

6）盘伞形，如老年期油松。

7）苍虬形，如高山区一些老年期树木。

2. 灌木类

1）密球形，如万峰桧。

2）倒卵形，如千头柏。

3）丛生形，如翠柏。

4）偃卧形，如鹿角桧。

5）匍匐形，如铺地柏、沙地柏等。

（二）阔叶树类（图2-2）

1. 乔木类

（1）有中央领导干（主导干）的树木

1）圆柱形，如加杨、钻天杨等。

2）笔形，如塔杨。

3）圆锥形，如毛白杨、七叶树等。

4）卵圆形，如广玉兰、樟树、深山含笑、悬铃木、菩提树、白桦等。

| 圆柱形 | 笔形 | 圆锥形 | 卵圆形 | 棕榈形 | 方形 | 盘伞形 |

| 球形 | 扁球形 | 钟形 | 倒钟形 | 圆头形 | 伞形 | 风致形 |

图2-2 阔叶类树木的各种形态

5）棕榈形，如棕榈、椰子、刺葵等。

（2）无中央领导干的树木

1）倒卵形，如刺槐。

2）球形，如五角枫、臭椿、榆树等。

3）扁球形，如栗、构树、小叶朴等。

4）钟形，如山毛榉。

5）倒钟形，如槐。

6）圆头形，如馒头柳、元宝枫、国槐、栾树等。

7）伞形，如合欢、蓝花楹、金凤花、凤凰木等。

8）风致形，由于自然环境因子的影响而形成的各种造型富有艺术感的树木的体形，如高山上或多风处的树木，以及老年树或复壮树等。其一般在山脊多风处，常呈旗形，如梅、枫树等。

2. 灌木及丛木类

1）圆球形，如黄刺玫、小叶黄杨等。

2）扁球形，如榆叶梅。

3）半球形（垫状），如金缕梅。

4）丛生形，如玫瑰、红瑞木、棣棠等。

5）拱枝形，如连翘、金钟花、垂枝碧桃等。

6）悬崖形，如生于岩石隙中的火棘等。

7）匍匐形，如平枝栒子（铺地蜈蚣）、铺地柏、迎春、地锦等。

3. 藤木类（攀缘类）（图2-3）

如紫藤、凌霄、金银花、葡萄、猕猴桃等。

4. 其他类型

上述各种自然树木，常具有特殊的生长习性，这对树形姿态及艺术效果起着很大的影响，常见的树形有两种类型。

1）垂枝形，如垂柳、柳、绦柳等。

2）龙枝形，如龙爪槐、龙爪柳、龙爪桑等。

归纳上述各类树木的树形，可分为25个基本树形。

各种树形的美化效果并非机械不变的，它常依配置的方式及周围景物的影响而有不同程度的变化。

但是总的来说，对于乔木而言，凡具有尖塔状及圆锥状树形者，多有严肃端庄的效果；具有柱状狭窄树冠者，多有高耸静谧的效果；具钟形树冠者，多有雄伟的效果；而一些垂枝类型，常形成优雅、和谐的气氛。

对于灌木、丛木而言，呈团簇丛生的，多有素朴、浑实之感，最宜用在树木群丛的外缘，或装点草坪、路缘及屋基；呈拱形及悬岩状的，多有潇洒的姿态，宜作点景用，或在自然山石旁适当配置。一些匍匐生长的，常形成平面或坡面的绿色被覆物，宜作地被植物。此外，还有许多种类可供岩石园配置。至于各式各样的风致形，因其别具风格，常有特定的情趣，故需认真对待，用在适当的景观中，使之充分发挥其特殊的造景作用。

（三）树形与植物景观设计

树形是指植物从整体形态与生长习性来考虑的大致外部轮廓。树形影响着园林植物构图和布局的统一性和多样性。进行植物景观设计时，若树形姿态变化小，构图与布局有统一性，但会缺乏多样性；若姿态变化多，则其多样性有余，而统一性又不足。

1. 树形的作用与植物的姿态

不同的树形有不同的表现形式，在园林植物景观设计上有独特的应用。探索树形的作用有助于更好地通过植物创造景观。

树形的作用同"方向"（高、宽、深）这个要素关系极为密切。上下方向尺度长的植物为垂直方向植物；前后、左右方向尺度比上下尺度长的为水平方向植物；各方向尺度大体相等，没有显著差别的为无方向植物。依此，植物的姿态可分为以下几类：垂直向上类、水平展开类、无方向类及其他类。

（1）垂直向上类（图2-4）

圆柱形、笔形、尖塔形、圆锥形等姿态的植物有显著的垂直向上性，可归入此类。

具有强烈垂直方向性的常见植物有桧柏、塔柏、铅笔柏、钻天杨、新疆杨、水杉、落羽杉、雪松、西府海棠、云杉等。一般情况下，常绿针叶类乔木多可以表现垂直向上性。这类植物可以表现高洁、威严、庄重、肃穆、向上、崇高和伟大等氛围感。这种氛围感的另一面是傲慢。

垂直向上类植物通过引导视线向上的方式，突出了空间的垂直性，能为植物群和空间营造一种垂直感和高度感。如果大量使用该类植物，其所在的植物群体和空间会给人一种超过实际高度的错觉，当它们与较低矮的展开类或无方向类（特别是圆球形）植物种植在一起时，其对比会十分强烈。垂直向上类的植物给人一种紧张感，而圆球形植物或展开类植物则使人放松，一收一放，从而成为视觉中心。圆柱形植物犹如"惊叹号"一样引人注目，由于这种特性，故在设计时应谨慎使用，如果过多运用，会造成多个视线焦点，使构图跳跃破碎。

垂直向上类的植物宜用于需要严肃静谧气氛的陵园、墓地、教堂，这类植物有一种强烈且向上升的动势，人们能从它那富有动势的向上升腾形象中充分体验到对死者的哀悼情感，或是对宗教信仰的坚定不移感。

（2）水平展开类（图2-5）

偃卧形、匍匐形等姿态的植物具有显著的水平方向性，可归为此类。一组垂直姿态植物组合在一起，且植物的长度明显大于高度时，植物本身特有的垂直方向性消失，变成具有水平方向性。绿篱就是水平展开类植物的典型例子。

常见的具有强烈水平方向性的植物种类有沙地柏、铺地柏、平枝栒子等。这类植物可以表现平静、平和、永久、舒展等氛围感，这种氛围感的另一面是疲劳、死亡、空旷和荒凉。

水平方向感强的展开类植物可以增加景观的宽广感，使构图产生一种宽阔和延伸

图2-4 垂直向上类植物

图2-5 水平展开类植物

图2-6 圆球形植物

图2-7 常见的无定形形态

的意象。展开类植物还会引导人的视线沿水平方向移动。该类植物重复地灵活运用，效果更佳。在构图中，展开类植物与垂直类植物或具有较强的垂直习性的植物配植在一起，有强烈的对比效果。

水平展开类植物常形成平面或坡面的绿色被覆物，宜作地被植物，能和平坦的地形、开展的地平线和低矮水平延伸的建筑物相协调。

（3）无方向类

植物大多没有显著的方向性，如姿态为卵形、广卵形、倒卵形、钟形、倒钟形、球形、扁球形、半球形、馒头形、伞形、丛生形、拱枝形的植物都可归为此类。其中球形类最为典型。

1）圆球类具有内聚性，同时又由于等距放射，同周围任何的植物姿态都能很好地协调（图2-6）。园林植物中天然具有球形姿态的植物较少见，常见的是修剪为球形的植物，如锦熟黄杨球、大叶黄杨球、枸骨球等。馒头形的馒头柳、千头椿等也具有部分球形植物的性质。

圆球类植物有浑厚、朴实之感，这类植物配以缓和的地形能产生安静的气氛。需要注意的是，球形植物易使人联想到坟墓，所以在医院、老年人休疗养中心、活动中心的植物配置中应谨慎使用。

2）姿态为卵形、广卵形、倒卵形、钟形、倒钟形、丛生形、拱枝形的植物，没有明显的方向性。此类植物在园林中种类最多，应用也最广泛（图2-7）。

该类植物在引导视线方面既无方向性，也无倾向性，因此，在构图中随意使用也不会破坏设计的统一性。这类植物具有柔和、平静的特征，可以调和其他外形较强烈的形体，但此类植物创造出的景观往往没有重点。

（4）特殊树形类（图2-8）

1）垂枝类植物具有明显的悬垂或下弯的枝条，与垂直向上类植物相反，垂直向上类植物有一种向上运动的力，而垂枝类植物有一种向下运动的力。这里所指的垂枝类植物包括狭义的垂枝植物，如垂柳、绦柳、照水梅等；也包括枝条向下弯的植物，如龙爪槐、迎春、连翘等。它们都具有明显的向下方向性。

设计中，垂枝形植物能起到将人的视线引向地面的作用，因此，可以配置在引导

图2-8 造型优美的生长在崖石边上的植物

人的视线向上的植物后，用垂枝植物作上下呼应。

特别指出的是，垂枝植物可用于垂直绿化。垂枝植物还可植于水边，以配合水面波动起伏的涟漪。

2）特殊形植物有奇特的造型，其形状千姿百态，有不规则的、多瘤节的、歪扭的和缠绕螺旋式的。在前面介绍的25种基本植物姿态中，悬崖形和扯旗形都是特殊形植物的代表。

这类植物具有奇特的外形，最适合作为孤植树。一般说来，无论在何种景观内，一次只宜置放一棵这种类型的植物，这样方能避免杂乱的景象。

（5）树形应用的注意要点

在具体应用树形进行植物景观设计时还应注意以下几点。

1）植物的树形并不是一成不变的。有的会随着四季更替而发生变化，如落叶植物在落叶前后树形的变化。另外，有的植物在不同的生长发育时期姿态也不同，例如油松在幼年、中年与老年阶段树形不同，越老姿态越奇特，老年油松姿态亭亭如华盖。

2）不同树形的植物给人的视觉重量感是不同的。视觉艺术心理学的研究表明：凡是规则的形状，其重力比不规则形状的重力要显得大。物体向中心聚集的程度也影响重力，比如那些修剪成规则形状的植物，在感觉上显得重，构图中应加以注意。

3）当植物以群体出现时，单株的形象便消失了。在此情况下，整个群体植物的外观便显得非常重要。例如，地被植物就是同一姿态的植物以群体出现，个体的姿态消失了，此时应考虑的是整体姿态。

4）在一个植物景观的设计中，不要过多应用不同树形的植物，以免产生繁杂之感。

2. 不同植物的高度

不同植物类型有不同的高度，植物的高度可以决定环境空间的骨架。植物的高度在植物设计中起着非常重要的作用，通常在设计时，设计者会将植物从高到低进行布置，以控制整个场地高度，把握空间的尺度大小，常用的乔木高度如图2-9所示。

3. 植物姿态在植物景观设计中的作用

1）增加地形起伏。为了增加小地形的起伏，可在小土丘的上方种植长尖形的树种，在山基栽植矮小、扁圆形或匍匐形的植物，借姿态的对比与烘托来增加地形的起伏。

2）不同树形的植物经过妥善的配植与安排，可以产生韵律感、层次感等组景的效果。

3）树形的巧妙利用能创造出有意味的形式。

4）特殊树形植物的孤植，成为庭园和园林局部的中心景物。

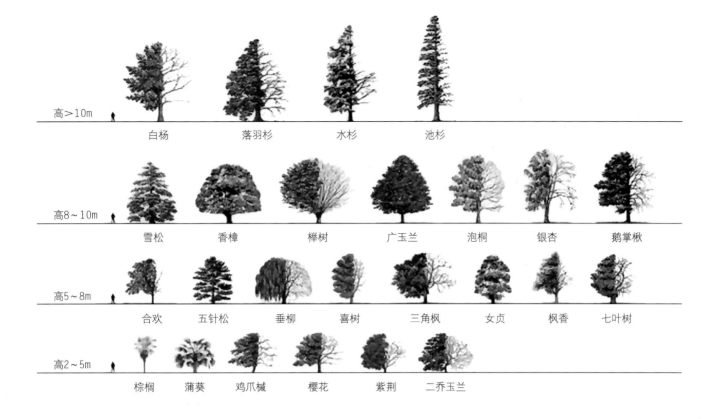

高>10m				
白杨	落羽杉	水杉	池杉	

高8～10m
雪松　香樟　榉树　广玉兰　泡桐　银杏　鹅掌楸

高5～8m
合欢　五针松　垂柳　喜树　三角枫　女贞　枫香　七叶树

高2～5m
棕榈　蒲葵　鸡爪槭　樱花　紫荆　二乔玉兰

图2-9 常用乔木高度

二、叶形

植物的叶子形态各异，有如马褂的马褂木，有如羊蹄的羊蹄甲，有如鸡脚的鸡爪槭，有如鹅掌的鹅掌柴……植物叶子的大小也有很大差异：有面积大到几平方米的芭蕉叶，也有小到几毫米的苔藓类。从植物学角度来归纳，叶形一般有以下几种基本形态。

1. 单叶

1）针形类包括针形叶及凿形叶，如油松、雪松、柳杉等。

2）条形类、钝形类，如冷杉、紫杉等。

3）披针形类包括披针形，如柳、杉等，以及倒披针形如黄瑞香、鹰爪花等。

4）椭圆形类，如金丝桃、天竺桂、柿，以及长椭圆形的芭蕉等。

5）卵形类包括卵形及倒卵形叶，如女贞、玉兰、紫楠等。

6）圆形类包括圆形及心形叶，如黄栌、紫荆、泡桐等。

7）掌状类，如五角枫、刺楸、梧桐等。

8）三角形类包括三角形及菱形，如钻天杨、乌桕等。

9）奇异形包括各种引人注目的形状，如北美鹅掌楸的鹅掌形、马褂木的长衫形叶，羊蹄甲的羊蹄形叶，变叶木的戟形叶，以及为人熟知的银杏扇形叶等。

2. 复叶

1）羽状复叶，包括奇数羽状复叶、偶数羽状复叶，以及二回或三回羽状复叶，如刺槐、锦鸡儿、合欢、南天竹等。

2）掌状复叶，小叶排列成指掌形，如七叶树等，也有呈二回掌状复叶者，如铁线莲等。

叶片除基本形状外，又由于叶边缘的锯齿形状及缺刻的变化而更加丰富。不同形状和大小的复叶，具有不同的观赏特性，如棕榈、蒲葵、椰子、龟背竹等均具有热带情调。大型的掌状叶给人以素朴的感觉，大型的羽状叶给人以轻快、洒脱的感觉。产于温带的鸡爪槭会营造出轻快的氛围，而产于温带的合欢与产于亚热带及热带的凤凰木，则会产生轻盈秀丽的效果。

三、花相与花形

花是植物的重点观赏对象，花朵常常被人们用绚丽多姿、五颜六色等形容明媚艳丽的词语来赞美，这美妙的花朵让世界绽放光彩。

园林树木的花朵有各式各样的形状和大小，单朵的花又常排列成大小不同、式样各异的花序。花序的形式很重要，虽然有些种类的花朵很小，但排成庞大的花序后反而比一些本身就为大花的种类还要美观。如小花溲疏的花虽小，但比大花溲疏的美观效果好。这些复杂变化的花形形成了不同的观赏效果，而由于花器及其附属物的变化又形成了许多欣赏上的奇趣。如金丝桃花朵上的金黄色小蕊，长长地伸出于花冠之外；锦葵科的拱手花篮，朵朵红花垂于枝叶间；带有白色巨苞的珙桐花，宛若群鸽栖止枝梢。

花的观赏效果不仅由花朵或花序本身的形态、色彩、香气而定，还与其在树上的分布、叶簇的陪衬关系，以及花枝条的生长习性密切相关。我们将花或花序着生在树冠上的整体表现形态称为"花相"。园林树木的花相，从树木开花时有无叶簇的角度，可分为两种形式：一为"纯式"，一为"衬式"。前者指在开花时叶片尚未展开，全树只见花不见叶，故曰纯式；后者则在展叶后开花，全树花叶相衬，故曰衬式。

（1）独生花相

此类较少，形较奇特，如苏铁类。

（2）线条花相

花排列于小枝上，形成长形的花枝。由于枝条生长习性不同，有呈拱状的，有呈直立剑状的，或略短如呈尾状的等。简而言之，本类花相多枝条较稀，枝条个性较突出，枝上的花朵或花序的排列也较稀。呈纯式线条花相者有连翘、金钟花等；呈衬式线条花相者有珍珠绣球、三桠绣球等。

（3）星散花相

花朵或花序数量较少，且散布于树冠各部。衬式星散花相在绿色的树冠底色上，零星散布着一些花朵，有丽而不艳、秀而不媚之效，如珍珠梅、鹅掌楸、白兰等。纯式星散花相种类较多，花数少而分布稀疏，花感不烈，但亦疏落有致。若于其后植有绿树背景，则可形成与衬式花相相似的观赏效果。

（4）团簇花相

花朵或花序形大而多，就全树而言花感较强烈，但每朵或每个花序的花簇仍能充分表现其特色。呈纯式团簇花相的有玉兰、木兰等，属衬式团簇花相的可以大绣球为典型代表。

（5）覆被花相

花或花序着生于树冠的表层，形成覆伞状，属于本花相的树种：纯式有绒叶泡桐、泡桐等，衬式有广玉兰、七叶树、栾树等。

（6）密满花相

花或花序密生于全树各小枝上，使树冠形成一个整体的大花团，花感最为强烈，纯式如榆叶梅、毛樱桃等，衬式如火棘等。

（7）干生花相

花着生于茎干上。种类不多，大抵均产于热带湿润地区，如槟榔、枣椰、鱼尾葵、木菠萝、可可等。在华中、华北地区的紫荆，亦能于较粗老的茎干上开花，但难与典型的干生花相相比拟。此外，就花的观赏特性言之，开花的季节及开放时期的长短，以及开放期内花色的转变等，均有不同的观赏意义。这些都是我们研究植物观赏特性时所应注意的。

四、果形

图2-10 植物的观赏特性：花、叶、果、干、根

植物的果实不仅具有很高的经济价值，而且在收获季，红彤彤、金灿灿的果实可将整棵树都装点得异常壮观，在城市美化中起着重要的作用。园林中为了观赏的目的而选择观果树种时需注意形与色两方面（图2-10）。

一般果实的形态以奇、巨、丰为准。所谓"奇"，指形状奇异有趣。如铜钱树的果实形似铜币；象耳豆的荚果弯曲，两端浑圆而相接，像耳一般；腊肠树的果实好比香肠；秤锤树的果实形如秤锤；紫珠的果实宛若许多晶莹剔透的紫色小珍珠；其他各种果形有像气球的，有像元宝的，有像串铃的，有其大如斗的，有其小如豆的等，不一而足。有些种类不仅果实可赏，而且种子又美，富于诗意，如王维"红豆生南国，春来发几枝，愿君多采撷，此物最相思"诗中的红豆树等。所谓"巨"，指单体的果形较大，如柚；或果虽小果形鲜艳，果穗较大，如接骨木，均可有引人注目之效。所谓"丰"，就全树而言，无论单果或果穗，均应有一定的盛开数量，才能发挥较好的观赏效果。

五、干形

乔木干皮的形态具有观赏价值。以树皮的外形而言，大致可分为如下几个类型。

（1）光滑树皮

表面平滑无裂，如许多树木青年期的树皮大致呈平滑状，典型者如胡桃幼树、桉树等。

（2）横纹树皮

表面呈浅而细的横纹状，如山桃、桃、樱花等。

（3）片裂树皮

表面呈不规则的片状剥落，如白皮松、悬铃木、木瓜等。

（4）丝裂树皮

表面呈纵而薄的丝状脱落，如青年期的柏类。

（5）纵裂树皮

表面呈不规则的纵条状或近于人字形的浅裂，多数树种均属于本类，如马缨花、银杏等。

（6）纵沟树皮

表面纵裂较深，呈纵条或近于人字状的深沟，如板栗、核桃等。

（7）长方裂纹树

皮表面呈长方形之裂纹，如柿、君迁子等。

（8）粗糙树皮

表面既不平滑，又无较深沟纹，多呈不规则脱落粗糙状，如云杉、油杉等。

（9）疣突树皮

表面有不规则的疣突，暖热地方的老龄树木可见到这种情况。

（10）鳞片状树皮

表面似鱼鳞状，如油松、云南松等。

树皮外形的变化颇为繁复，且可随树龄而变化，但是上述的类型已可包括一般的形貌。

六、刺毛形态

很多树木的刺、毛等附属物，也有一定的观赏价值。如楤木属多被刺与绒毛；红毛悬钩子小枝密生红褐色刚毛，并疏生皮刺；红泡刺藤茎紫红色，密被粉霜，并散生钩状皮刺。峨眉蔷薇小枝密被红褐刺毛，紫红色皮刺基部常膨大，其变形翅刺——峨眉蔷薇皮刺极宽扁，常近于相连而呈翅状，幼时深红，半透明，尤为可观。

七、根形

树木裸露的根部也有一定的观赏价值，中国人自古以来即对此有很高的鉴赏，因此，很久以前就已经运用此观赏特点于园林美化及桩景盆景的培养。

但是并非所有树木均有显著的露根美。一般言之，树木达老年期以后，均可或多或少地表现出露根美。在这方面效果突出的树种有：松、榆、朴、梅、楸、榕、蜡梅、山茶、银杏、鼠李、广玉兰、落叶松等。

在亚热带、热带地区有些树有巨大的板根，很有气魄，如四数木、千果榄仁等；另外，具有气生根的种类可以形成密生如林、绵延如索的景象，更为壮观，如菩提树、小叶榕等（图2-11）。

图2-11 丰富的色彩令秋季生动

第二节　色彩

大千世界各种各样的植物种类都有不同的色彩外观，通过植物的花、叶、果、干来表现。花色从白、黄、粉、红、紫到蓝，五彩斑斓、应有尽有；叶子虽大部分为绿色，但也有为数不少种类的叶子呈现终年的彩色，即使绿叶植物的叶子都为绿色，也呈现出多种层次的变化；而果子也有不同色阶的色彩变化；树干的色彩是最吸引人的，而且每种植物又随着季节的变化，呈现出不同的季相景观。

一、叶色

叶的色彩是植株色彩中最为突出的元素，因为植物95%的外表都被叶子所覆盖在四季变化中，常绿植物几乎全年被叶子覆盖，而落叶植物也有五分之三的时间被叶子覆盖着。叶的颜色有极大的观赏价值，根据叶色的特点可分以下几类。

1. 绿色类

绿色虽属叶子的基本颜色，但根据颜色的深浅不同则有嫩绿、浅绿、鲜绿、浓绿、黄绿、赤绿、褐绿、蓝绿、墨绿、亮绿、暗绿等差别。

将不同绿色的树木搭配在一起能形成美妙的色感，如在暗绿色针叶树丛前配植黄绿色树，会形成满树黄花的效果。现以叶色的浓淡为代表，举例如下。

1）叶色呈深浓绿色者，如油松、圆柏、雪松、云杉、青杆、侧柏、山茶、女贞、桂花、槐、榕、毛白杨、构树等。

2）叶色呈浅淡绿色者，如水杉、落羽松、金钱松、七叶树、鹅掌楸、玉兰等。

应加以说明的是，叶色的深浅、浓淡受环境及本身营养状况的影响而发生变化，所以上述的分法应以正常的情况为准。为深入掌握叶色的变化规律，在观察记载时应记录环境条件及植物本身的生长状况。

2. 春色叶类及新叶有色类

树木的叶色常因季节的不同而发生变化，例如栎树在早春呈鲜嫩的黄绿色，夏季呈正绿色，秋则变为褐黄色。在园林设计中，除应对树木在夏季的绿叶色彩加以研究外，尤其应注意其春季及秋季叶色的显著变化。对春季新发的嫩叶有显著不同叶色的，统称"春色叶树"，如臭椿、五角枫春叶呈红色，黄连木春叶呈紫红色等。在南方地区温暖湿润的气候特征下，有许多常绿树的新叶不只在春季才有，而是不论季节，只要发出新叶就会有美丽色彩、宛若开花的效果，如铁刀木、石楠等。本类树木如种植在浅灰色建筑物或浓绿色树丛前，能产生类似开花的观赏效果。

3. 秋色叶类（图2-11）

凡在秋季叶子颜色能有显著变化的树种，均称为秋色叶树。

1）秋叶呈红色或紫红色者，如鸡爪槭、五角枫、茶条槭、糖槭、枫香、地锦、五叶地锦、小檗、樱花、漆树、盐肤木、野漆、黄连木、柿、黄栌、南天竹、花楸、百花花楸、乌桕、红槲、石楠、卫矛、山楂等。

2）秋叶呈黄或黄褐色者，如银杏、白蜡、鹅掌楸、加拿大杨、柳、梧桐、榆、槐、白桦、无患子、复叶槭、紫荆、栾树、麻栎、栓皮栎、悬铃木、胡桃、水杉、落叶松、金钱松等。

以上仅是秋叶的一般树种品种，在红与黄的叶色种类中又可细分为许多类别。在园林实践中，由于秋色叶品种多，呈色期较长，故广受人们喜爱。如在我国北方，每于深秋人们喜欢观赏黄栌红叶，而南方人们则以枫香、乌桕的红叶为爱。在欧美国家的秋色叶中，红槲、桦类等最为夺目。在日本，则以槭树最为普遍。

4. 常色叶类

有些树的变种或变形，其叶常年成异色，称为常色叶树。全年树冠呈紫色的有紫叶小檗、紫叶欧洲榉、紫叶李、紫叶桃等；全年叶均为金黄色的有金叶鸡爪槭、金叶雪松、金叶圆柏等；全年叶均具斑驳彩纹的有金心黄杨、银边黄杨、变叶木、洒金珊瑚、红桦木等。

5. 双色叶类

某些树种，其叶背与叶表的颜色显著不同，在微风中就形成特殊的闪烁变化的效果，这类树种特称为双色叶树，如银白杨、胡颓子、栓皮栎、青紫木等。

6. 斑色叶类

绿叶上具有其他颜色的斑点或花纹，如桃叶珊瑚、变叶木等。

除了上述关于叶的各种观赏特性外，还应注意叶在树冠上的排列，上部枝条的叶与下部枝条的叶之间常呈各式的镶嵌状，因而组成各种美丽的图案，尤其当阳光将这些美丽图案投影在铺装平整的地面上时，会产生很好的艺术效果。这些园林树木艺术效果的形成并不是孤立的，园林工作者在进行植物景观设计之前，必须对叶的各种观赏特性有深入的了解，这样才能创造出优美的景观，才能充分展示出绿叶的观赏特性。

二、花色

园林树木的花朵除了具有各式各样的形状和大小外，色彩上更是千变万化、层出不穷。这些复杂的变化形成了不同的观赏效果。

1. 红色系花（图2-12）

海棠、桃、杏、梅、樱花、蔷薇、玫瑰、月季、贴梗海棠、石榴、牡丹、山茶、杜鹃、锦带花、夹竹桃、毛刺槐、合欢、粉花绣线菊、紫薇、榆叶梅、紫荆、木棉、凤凰木等。

2. 黄色系花（图2-13）

迎春、迎夏、连翘、金钟花、黄木香、桂花、黄刺玫、黄蔷薇、棣棠、黄瑞香、黄牡丹、黄杜鹃、金丝桃、金丝梅、蜡梅、金老梅、珠兰、黄蝉、金雀花、小檗、金花茶等。

3. 蓝色系花（图2-14）

紫藤、紫丁香、油麻藤、蓝花楹、桔梗、木槿、泡桐、八仙花、牡荆、醉鱼草。

4. 白色系花（图2-15）

茉莉、白丁香、白牡丹、白茶花、溲疏、山梅花、女贞、荚蒾、枸橘、甜橙、玉兰、珍珠梅、广玉兰、白兰、栀子花、梨、白碧桃、白蔷薇、白玫瑰、白杜鹃等。

图2-12 红色系列花卉耀眼夺目

图2-13 黄色系列花卉活泼可爱

图2-14 蓝色系列花卉神秘别致

图2-15 白色系列花卉纯洁典雅

三、果色

果实的颜色有很大的观赏价值。尤其是在秋季，硕果累累的丰收景色，充分显示了果实的色彩效果。各种果色的树木主要有以下品种。

1. 果实呈红色者

桃叶珊瑚、小檗类、平枝栒子、水栒子、山楂、冬青、枸杞、火棘、花楸、樱桃、毛樱桃、郁李、欧李、麦李、枸骨、金银木、南天竹、珊瑚树、紫金牛、柿、石榴等。

2. 果实呈黄色者

银杏、梅、杏、瓶兰花、柚、甜橙、香橼、佛手、金柑、枸橘、南蛇藤、梨、木瓜等。

3. 果实呈蓝紫色者

紫珠、蛇葡萄、葡萄、鱿猪刺、十大功劳、李、蓝果忍冬、桂花、白檀等。

4. 果实呈黑色者

小叶女贞、女贞、刺楸、五加、枇杷叶荚蒾、黑果绣球、鼠李、常春藤、君迁子、金银花、黑果忍冬、黑果荀子等。

5. 果实呈白色者

红瑞木、芫花、雪果、湖北花楸、陕甘花楸、西康花楸等。

除上述基本色彩外，有的果实尚具有花纹。此外，由于光泽、透明度等的不同，又有许多细微的变化。在选用观果树种时，最好选择果实不易脱落而浆汁较少的，以便长期观赏。

四、枝色

树木枝条的颜色亦具有一定的观赏意义，尤其是在深秋叶落后，枝干的颜色更为醒目。枝条具有美丽色彩的树木，被称为观枝树种。

常见供观赏的红色枝条的树种有红瑞木、野蔷薇、杏、山杏等；可观赏的古铜色枝条的树种有山桃、桦木等；而冬季可赏青翠碧绿色彩的树种有植梧桐、棣棠等。

五、干色

树干的皮色对美化配植起着很大的作用。如街道上白色树干的树种，可产生极好的美化效果及加大路宽的视觉效果。在进行丛植配景时，要注意树干颜色之间的关系。现将干皮有显著颜色的树种举例如下。

1）呈暗紫色的，如紫竹。

2）呈红褐色的，如马尾松、杉木、山桃等。

3）呈黄色的，如金竹、黄桦等。

4）呈灰褐色的，一般树种常是此色。

5）呈绿色者，如竹、梧桐等。

6）呈斑驳色彩的，如黄金间碧玉竹、碧玉间黄金竹、木瓜等。

7）呈白或灰色者，如白皮松、白桦、胡桃、毛白杨、朴、山茶、悬铃木、柠檬桉等。

第三节　质感

植物本身具有丰富的个性，质感的粗细直接反映出植株粗犷或细腻的特征。

一、叶的大小

大者如巴西棕，其叶片长达20m以上；小者如麻黄、柽柳、侧柏等的鳞片叶仅长几毫米。一般言之，原产热带湿润气候的植物，叶多较大，如芭蕉、椰子、棕榈等；而产于寒冷干燥地区的植物，叶多较小，如榆、槐、槭等。

二、叶的质地

叶的质地不同，产生不同的质感、观赏效果也大为不同（图2-16）。革质的叶片，具有较强的反光能力，由于叶片较厚、颜色较浓暗，故有光影闪烁的效果。纸质、膜质叶片，常呈半透明状，常给人以恬静之感。粗糙多毛的叶片，则多富于野趣，如绒柏的整个树冠有如绒团，具有柔软秀美的效果；而枸骨坚硬多刺，则具有剑拔弩张的效果。

图2-16　各种质感的植物叶子

由于叶片质地，不像叶形、叶色那样具有强烈的观赏效果，所以在园林植物的配植中，常常忽略叶片质感方面的运用，这是应特别值得注意的。

第四节　气味

每株植物都有自身独特的气味，这让其在芸芸众生之中显得特别。植物发出气味的部位主要有花、果实及枝叶等。有些植物的味道比较强烈，有些比较微弱。按照人类对气味的喜好分为香味、中性味道及臭味。

不同的芳香会使人产生不同的反应，有的起兴奋作用，有的却让人反感。在园林中，许多地方常有所谓"芳香园"的设置，即利用各种香花植物配植而成。

果实不仅可赏，还有招引鸟类及兽类的作用，可给园林带来生动活泼的气氛。不同的果实可招来不同的鸟，如小檗易招来黄连雀、乌鸦、松鸡等，而红瑞木一类的树则易招来知更鸟等。这会带来一个问题，在重点观果区域须注意防止鸟类大量啄食果实。

枝叶的味道最为普通，大部分情况下它们味道并不明显，但有些树木的枝叶会挥发出香气，如松树、樟科树种及柠檬桉等，它们所释放的香气能使人感到精神舒畅。

第五节　意境

一、植物的意境美

植物是存在空间的实体，所谓睹物思人，系这种空间的实体往往会勾起人类对于在此空间发生的种种经历而充满回忆，植物由此产生了意境。在更大的范围内，人们赋予植物以人格特征：或伟岸、或柔美、或忠贞、或纯洁等美好的人格品质，使植物不仅仅停留在物态的景物，而是上升到灵性空间，充满了生动立体的特征（图2-17）。

植物具有一种比较抽象的，极富于思想感情的美，即联想美。人们所熟知的松、竹、梅被称为"岁寒三友"，象征着坚贞、气节和理想，代表着高尚的品质。其他如松、柏因四季常青，又象征着长寿、永年；紫荆象征兄弟和睦；含笑表示深情；红豆表示相思、恋念；而对于杨树、柳树，有"白杨萧萧"表示惆怅、伤感，"垂柳依依"表示感情上的绵绵不舍、惜别等。在民间，传统上更有所谓"玉、堂、春、富、贵"的观念。

树木联想美的形成是比较复杂的，它与民族的文化传统、各地的风俗习惯、文化教育水平、社会的历史发展等有关。中国具有悠久的文化，在欣赏、讴歌大自然中的植物美时曾将许多植物的形象美概念化或人格化，赋予丰富的感情。事实上，不仅中国如此，其他许多国家亦均有此情况，如日本人对樱花的感情。每当樱花盛开的季节，男女老幼载歌载舞，举国欢腾；加拿大以糖槭树象征着祖国大地，将树叶图案绘在国旗上；中国亦习惯以桑、梓代表乡里，出现于文学中。

图2-17 残荷、落花、雪梅、青竹赋予观者情感意境

　　一个较著名的例子是，在第二次世界大战后，苏联在德国柏林建立了一座苏军纪念碑。在长轴线的焦点，巍然矗立着抗击法西斯、保卫祖国、捍卫和平的威武战士抱着儿童的雕像，军旗倾斜表示沉痛的哀悼，母亲雕像垂着头沉浸于深深的悲痛之中，在母亲雕像旁配植着垂枝白桦，白桦是苏联的乡土树种，垂枝表示哀思。这组配植使人想起来自远方祖国家乡的母亲，不远万里来到异国想探望久久思念的儿子，可得知爱子已牺牲而来到墓地时的心情。这组配植是非常成功的，当你细细品味时总是感人泪下，从而唤起反对法西斯、保卫世界和平的感情。同时，还会觉得战士的英灵会得到慰藉，因为他得到人民的尊重，并且有家乡的草木在身旁陪伴而不会产生独处异国他乡的伤感。我国首都北京天安门广场人民英雄纪念碑及毛主席纪念堂南面的松林配植也是较好的例子。

　　植物的联想美，如前所述，多是由文化传统逐渐形成的，但是它并不是一成不变的，它随着时代的发展而有所改变。例如，"白杨萧萧"是由于在古代社会人们多将白杨植于墓地而形成的，但在现代社会，由于白杨生长迅速，枝干挺拔，叶近革质而有光泽，具有浓荫匝地的效果，所以它成了良好的绿化树种。即时代变了，绿化环境变了，所形成的景观变了，人们的心理感受也变了，所以当微风吹拂时就不会有"萧萧愁煞人"的感觉了。相反，如将白杨配植在公园的安静休息区中，会产生"远方鼓瑟""万籁有声"的安静松弛感，从而给人以放松休息的感受。又如梅花，古代社会它总是受文人"疏影横斜"的影响，带有孤芳自赏的情调，而现在却应以"待到山花烂漫时，她在丛中笑"的积极意义和高尚理想来转化它。

　　此外，叶还可有音响的效果。针状叶树种最易发音，所以古来即有"松涛""万壑松风"的匾额来赞颂园景之美。至于响叶杨，即是坦率地以其能产生音响而命名了。这些是通过树木的音响而产生的意境美。总之，园林设计师应善于继承和发展树木的联想美，将其精巧地运用于树木（植物）的配植艺术中。

二、季相变化的意境美

树木的萌芽、展叶、开花、结果、红叶、落叶等生命现象，与环境的季节变化密切相关。植物的季象变化，以其丰富的内容让人们感受到周围景观的变化和四季的变迁。四季变化的植物景观，令人百游不怠、流连忘返。春季的萌动、夏季的郁葱、秋季的成熟、冬季的浪漫，让人们感受到生命的无比激情，也带给人们无尽的遐想，产生丰富的意境美。

第六节　群体植物

一、塑造各种空间

植物在生长中有的高达几十米、上百米，而有的只有几厘米。在塑造空间时不同高度的植物会各显神通，根据自身特点营造或气势磅礴，或温馨宜人，抑或平坦开阔的空间环境。在园林的构成要素中，建筑、山石、水体都是不可或缺的，然而，缺少了植物，园林也不可能从宏观上做整体性的空间配置。利用植物的形态特征，可以营造各种各样的自然空间，再根据园林中各种功能的需要，与小品、山石、地形等的结合，更能够创造出丰富多变的植物空间类型。总体上可以形成开敞空间、半开敞空间、覆盖空间、封闭空间、垂直空间、四季动态空间。

1. 开敞空间

园林植物形成的开敞空间是指在一定区域范围内，人的视线高于四周景物的植物空间，一般用低矮的灌木、地被植物、草本花卉、草坪可以形成开敞空间（图2-18）。在较大面积的开阔草坪上，除了低矮的植物以外，有几株高大乔木点植其中，并不阻碍人们的视线，也称得上开敞空间。但是，在庭园中，由于尺度较小，视距较短，四周的围墙和建筑高于视线，即使是疏林草地的配置形式也不能形成有效的开敞空间。开敞空间在开放式绿地、城市公园等园林类型中非常多见，像草坪、开阔水面等，视线通透，视野辽阔，容易让人心胸开阔，心情舒畅，产生轻松自由的满足感。

2. 半开敞空间

半开敞空间就是指在一定区域范围内，四周不全开敞，而是有部分视角用植物阻挡了人的视线，根据功能和设计需要，开敞的区域有大有小。一般来说，从一个开敞空间到封闭空间的过渡就是半开敞空间，可借助地形、山石、小品等园林要素与植物配置共同形成（图2-19）。半开敞空间的封闭面能够抑制人们的视线，从而引导空间方向，达到"障景"效果。如从公园入口区域，设计者常会采用先抑后扬的手法，在开敞的入口某一朝向用植物小品来阻挡人们的视线，使人们难以穷尽，待人们绕过障景物，进入另一个区域就会感到空间豁然开朗。

图2-18 植物空间从开敞到封闭
的演变过程

图2-19 通过植物围合度及高
度，从开敞逐步实现半开敞空间

图2-18
————
图2-19

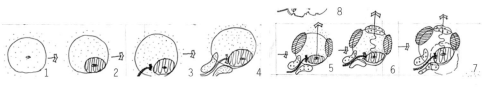

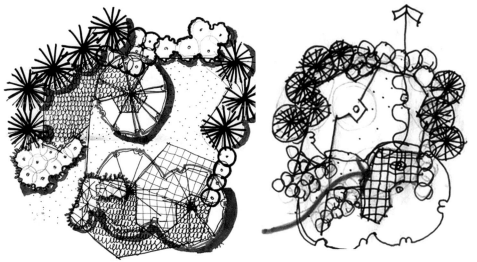

四面封闭

视线全被物理空间遮蔽

三面封闭

视线部分被物理空间遮蔽

两面封闭

物体焦点

视线开敞，物理空间开敞

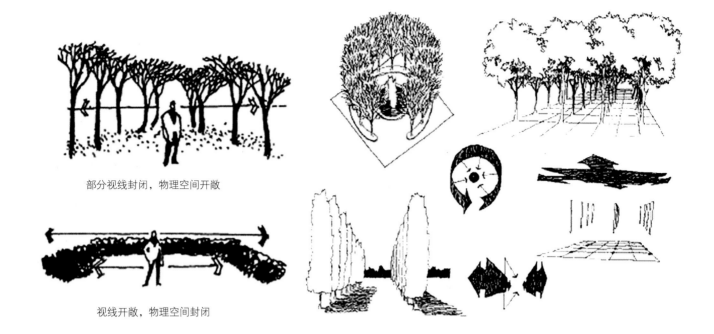

部分视线封闭，物理空间开敞

视线开敞，物理空间封闭

图2-20 茂密树枝以及可能将天空遮蔽，也可以围合四周形成封闭空间

3. 覆盖空间

覆盖空间通常位于树冠下与地面之间，通过植物树干的分枝点，以浓密的树冠来形成空间感。高大的常绿乔木是形成覆盖空间的良好材料，此类植物不仅分枝点较高，树冠庞大，而且具有很好的遮阴效果，树干占据的空间较小，所以无论是一棵几丛还是一群成片，都能够为人们提供较大的活动空间和遮阴休息的区域。此外，攀缘植物利用花架、拱门、木廊等攀附在其上生长，也能够构成有效的覆盖空间。

4. 封闭空间

封闭空间是指人处于的区域范围内，四周围用植物材料封闭，这时人的视距缩短，视线受到制约，近景的感染力加强，景物历历在目可以产生亲切感和宁静感。

小庭园的植物配置宜采用这种较封闭的空间造景手法，这样的空间适宜于人们的独处和休憩（图2-20）。

5. 垂直空间

用植物的封闭垂直面以及开敞顶平面，就形成了垂直空间，分枝点较低、树冠紧凑的中小乔木形成的树列、修剪整齐的高树篱都可以构成垂直空间。由于垂直空间两侧几乎完全封闭，视线的上部和前方较开敞，极易产生"夹景"效果，来突出轴线顶端的景观，狭长的垂直空间可以引导游人的行走路线的垂直空间可以引导游人的行走路线，对空间端部的景物也起到了障丑显美、加深空间感的作用。在纪念性园林中，园路两边常栽植松柏类植物，人在垂直的空间中走向目的地瞻仰纪念碑，就会产生庄严、肃穆的崇敬感。

6. 动线空间

人的视线会被空间的开敞与封闭所引导，并通过塑造视线焦点不断引导人的行走动线。通过植物大小配合组成不同类型的空间形态，从而引导视线移动，带动身体移动（图2-21）。

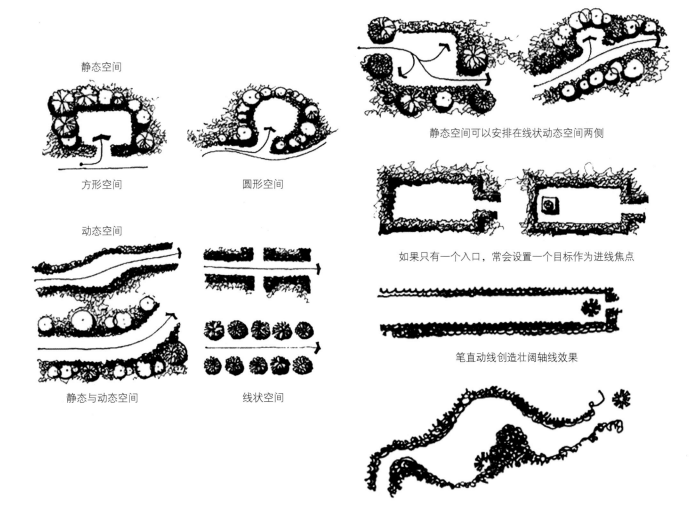

静态空间

方形空间　　　　圆形空间

动态空间

静态与动态空间　　　线状空间

静态空间可以安排在线状动态空间两侧

如果只有一个入口，常会设置一个目标作为进线焦点

笔直动线创造壮阔轴线效果

曲折动线可在隐密与开敞之间创造变化趣味

图2-21 植物动向形成与设计

7. 四季动态空间

这里所说的四季动态空间，包括随季相而变化的空间和植物年际动态变化空间。它不可能离开年复一年的年际变化，也不可能离开春夏秋冬的季相变化。植物随着时间的推移和季节的变化，自身经历了生长、发育、成熟的生命周期，表现出了发芽、展叶、开花、结果、落叶及由小到大的生理变化过程，形成了叶容、花貌、色彩、芳香、枝干、姿态等一系列变化，构成了"春花含笑""夏绿浓荫""秋叶硕果""冬枝傲雪"的四季景象变化。

植物时序景观的变化极大地丰富了园林景观的空间构成，也为人们提供了各种各样可选择的空间类型。落叶树在春夏季节是一个覆盖的绿荫空间，秋冬季来临，就变成了一个半开敞空间，满足人们在树下活动、晒太阳的需要。秋天的香山总有中外游客纷至沓来欣赏它的遍山红叶；"最爱湖东行不足，绿杨荫里白沙堤"是说春天在白堤的垂柳树下行走是怎么走也走不够。每种植物或是植物的组合都有与之对应的季相特征，在一个季节或几个季节里它总是特别突出，熠熠生辉，为人们带来了最美的空间感受。

不仅这样，园林植物处于变动不居的时间流之中，也在变化着自己的风貌，变化

图2-22 同一个地方不同季节的变化

着似乎凝固了的形象。其中变化最大的就是植物的形姿，它影响了一系列的空间变化序列。如苏州留园中"可亭"的两边有两株银杏，原来矗立在土山包上形成的是垂直空间，但植物经过几百年的生长历史，树干越发高挺，树冠越发茂盛，渐渐转变成了一个覆盖空间，两棵银杏互相呼应地荫庇着娇小的可亭，与可亭在高度上形成了强烈的对比（图2-22）。

二、营造群体视觉冲击

1. 不同品种植物群体效果

植物形态上大小不一、形态各异、色彩纷呈，合理地组合起来可以创造出美妙的植物组景。通过艺术手法将高低错落的各种植物材料由远及近地布置在平面中，在立体空间上自上而下创造丰富的立面；根据植物材料形态特征结合场地特征或作为群体背景配置或作为主景孤植形成视觉焦点；色彩的合理搭配可以创造很强的视觉冲击力，综合利用植物各自的优点，创造单体植物不能营造的缤纷色彩（图2-23）。

2. 同一品种植物群体效果

同一种植物可以创造出宏伟的气势，因为色彩单一、形态单一，所以可以创造统一的景观，应用的植物数量越多，越能形成整齐与磅礴的气势（图2-24）。

图2-23 各种植物材料尽显其美丽的特征

图2-24 同一种植物群体气势

图2-23

图2-24

作业

1. 植物的个体美都有哪些?

2. 如何利用植物的高矮、疏密创造私密空间? 请设计一个10m×10m的空间, 要求具备私密功能。

3. 植物四季变化是怎样的? 请用100字描绘。

第三章
各类植物景观设计形式

第一节　乔木（包括棕榈、竹类）

乔木在植物中体量最大，也是外观视觉效果最明显的植物类型。

乔木是种植设计的基础和主体，通常在植物景观配置中占主要角色，尤其是在大型园林景观中，乔木景观几乎决定了整个园区的植物景观效果，形成整个园景的植物景观框架。

一、乔木特性及其配置原理

1. 乔木特性

乔木生长周期长、园林价值高，随着树龄的增长，乔木的价值也随之增加。在乔木设计中应特别关注其功能、品种及生态习性以配合选择种植地点，合适的种植条件会使树木保存时间更长，景观效果更好，为空间增添更多的美感和价值。

大乔木遮阴效果好，可以屏蔽大面积城市生硬的建筑线条；中小乔木宜作背景和风障，也可用来划分空间、框景；尺度适中的树种适合做主景或点缀之用。各种乔木有着各自的特点，根据景观、功能要求选择适合的乔木。

（1）树荫（图3-1）

枝叶茂盛的慢生品种最大化地提供树荫，该类植物可以种植在建筑物的近旁而不用担心被破坏。但速生且分枝较少的树种不宜种植在建筑物的附近，因为在冰雹或暴风雪的天气可能会受到损害。

图3-1 烈日下的树荫

图3-2 树的枝干将景物圈在其中

图3-3 两棵红枫树干及枝叶将景观框在其中

图3-4 层层植物将杂乱的景致阻挡在视线之外

图3-1	
图3-2	图3-3
图3-4	

（2）框景

多数直立式植物或枝叶边缘较高的植物，在特定的视线范围内可以形成一个区域或建筑物的"框"。这样的树应种在建筑物前方的角落或草坪的边缘，给整个空间或建筑物增添相框的景观效果（图3-2、图3-3）。

（3）屏障

树木枝叶具有遮挡视线的功能，在景致不佳的地方可以通过栽植植物的方式进行遮掩。通过色彩美丽的植物群配置，将观赏者视线吸引开（图3-4）。

（4）生长特性

每一种植物，都有其自身的生长速度。生长缓慢的树种，常常一年长不了3cm；中等生长速度树木，在生长季节可长出6cm的新枝；生长迅速的树种，每年可长出6cm以上。

生长迅速的树种可以种植在人口密度较大的区域，如城市中心公园、居住区，或用作行道树等，因为它们可以很快提供树荫。但同时考虑间植些中慢生树种，以满足10年或15年以后景观和功能的需求。环境中所用树木的尺寸大小由成熟期树的高度及其枝干的伸展范围和设计空间大小来确定。

外形较小的植物一般成熟期不超过5m高，常适合于小型花园和微型园林布局；中等大小的植物通常成熟期可以长到5～12m高，在城市园林绿地中经常使用；大型乔木成熟期可以长到15m甚至更高，只有种植在宽敞的地方，其枝干才不会相互干扰。

2. 配置原理

乔木在配置时首先应考虑场地的需要，看场地要突出哪方面的功能：观赏性、使用性还是生态功能。如果需要突出观赏性，则选择形态优美或色彩丰富，具有美丽的花朵、果实，树干散发芬芳的树种；如果突出使用性，则考虑更多的能提供树荫的植物；如果突出生态功能，则考虑枝叶茂盛生态效益好或耐贫瘠可在城市恶劣的人工环境中茁壮生长的乔木种类。

每一株乔木所占的场地宽度不一样，在选择时应该充分考虑。植物配置时应充分考虑每一株植物的生理特性、形态特征以及观赏特性，结合场地的大小、功能需求选择合适的植物种类和数量。乔木配置根据场地要求先确定基调树种（一般在3～5种），不宜太多，然后在其中点缀异质类乔木（根据场地大小及特征、功能要求一般在5～30种不等）（图3-5）。

图3-5 乔木层配置时，先确定基调树种，再进行其他树种点缀

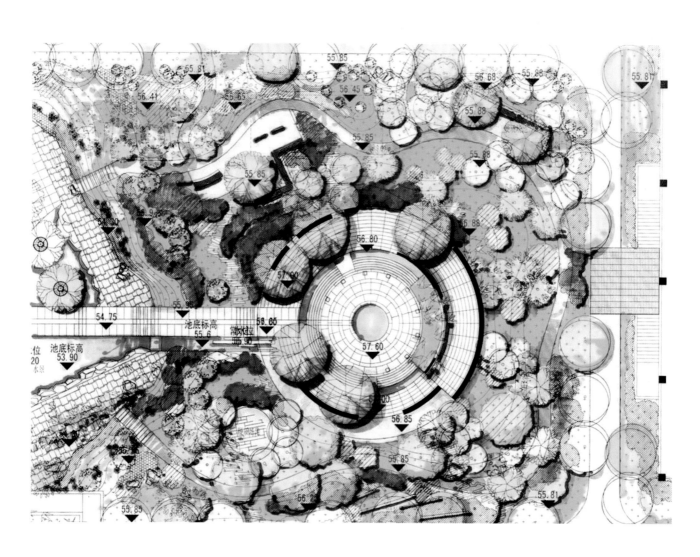

二、乔木景观配置

1. 孤植

孤植也称独植，指将树形优美或有较高观赏价值的植物单独种植，以便多角度观赏。适合孤植的树种特征为：姿态优美或体形高大雄伟或冠大荫浓、叶色独特、花大色艳或芳香、果实美丽、树干颜色突出等。适合孤植的植物有：朴树、桂花、黄连木、银杏、枫香、雪松、香樟、榕树、樱花、广玉兰、槐树、七叶树等。孤植树一般栽植在空旷的草地上、宽阔的湖池岸边、花坛中心、道路转折处、角隅或缓坡等处（图3-6）。

2. 列植

列植指同类植物沿着一条直线或曲线种植（图3-7）。多选用树干挺拔的树木或剪形绿篱。适合列植的植物有：柏树、银杏棕榈类植物等，多用在道路、街边、河岸等现状场地。

图3-6 树形优美色彩丰富的乔木常用作孤植

图3-7 两列椰树形成夹道序列

图3-6
___
图3-7

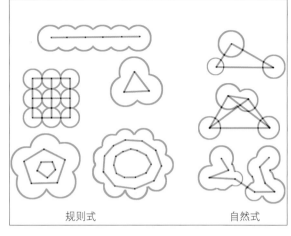

规则式　　　　　　　　　　自然式

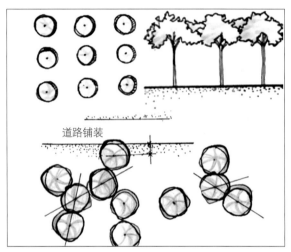

道路铺装

图3-8 丛植椰树的景观效果

图3-9 丛植配置方式

图3-10 竹子丛植形成的林荫

图3-11 模拟自然界植物的配置方式

图3-8	图3-9
图3-10	图3-11

3. 丛植

丛植是指将一种或多种植物按照一定的组合种植并模拟自然群落分布的一种人工栽植方式。一般按照针叶树、阔叶树搭配，常绿和落叶树搭配，乔木、灌木、草搭配，形成具有丰富的林冠线和春花、夏绿、秋色（实）、冬姿季相变化的栽培群落（图3-8~图3-11）。丛植一般用在面积稍小的场地，丛植所需树木较多，少则三五株，多则二三十株。植物种植就近场地三株、四株、五株布置，最常见的方式是采用不对称平衡原理种植或规则式种植。

4. 群植

群植是更大规模的植物群体设计，群体可由单层同种组成，也可由多层混合组成，由一种树木或多种树木成片种植，呈纯林和混交林两种形式。

多层混合的群体在设计时也应考虑种间的生态关系，最好以当地自然植物群落结构作为种植设计的理论基础。整个植物群落的造型效果、季相色彩变化、林冠林缘线的处理、林的疏密变化等也都是较大规模种植设计中应考虑内容。

群植一般用在面积很大的场地。在森林公园中表现为风景林，在城市园林中一般出现在较大的公园、林荫道、小型山体、较大水面边缘等（图3-12）。植物丛植或群

图3-12 公园中植物群植效果

植时，应综合考虑植物材料间的形态和生长习性，既要满足植物的生长需要，又要保证能创造出较好的视觉效果，以及需求与设计和环境的一致性。庄严、宁静的环境配置宜简洁、规整；自由活泼的环境植物配置宜富于变化；有个性的环境植物配置宜以烘托为主；平淡的环境宜用色彩、形态对比较强烈的植物进行配置；空旷环境的植物配置应集中。

第二节　灌木

灌木是人体尺度最佳观赏点的植物群体，很多灌木都具有优美的树形和秀丽的花朵，是人们步行途中最美的风景线，也是植物景观中的观赏重点。

一、灌木特性及其配置原理

1. 灌木特性

在植物学中灌木与乔木的区别在于其根的生长状态为丛生状（乔木是独立径），而大部分灌木的高度在乔木以下、草本以上。所以灌木常常作为乔木设计的补充层，其设计功能与乔木也很相似。总体来说，灌木有以下特点。

（1）框景

通过地形或建筑物的支持，将灌木种在景点的两侧，形成一幅美丽动人的画卷。

但由于灌木最具有近距离观赏特性，因此可以反其道而处理，即将画卷中央部分简单处理或弱化、虚化，而将"画框"处理得较为饱满。

（2）屏障

灌木是和人体尺度最接近的植物类型，所以用灌木遮挡住不需要的景色，是最能实现屏障作用的景观处理方式。

另外大型的灌木可以遮挡不需要的景色，或形成通向园林空间的视觉走廊。小型或中型灌木可以结合地形及建筑物作为屏障。

（3）特色景观

花灌木观赏特性较强，常常作为景点的重点点缀使用，从而形成植物景观特色。如茶花、牡丹、杜鹃花等都是花大色艳，品种繁多，可以专门成立专类植物园，以供参观学习。

2. 配置原理

灌木处于植物群落中的中层，和人的视线平行，在设计时考虑植物的这种特征可以恰到好处地布置植物的位置，将植物点缀其间，形成凹凸有秩自然过渡的布局方式。

很多耐修剪的植物还当作地被处理，修剪得如地毯般平整的绿篱，其实比起草与花则具有更高的观赏价值。如将杜鹃进行修剪，可作为地被处理，当春天来临，白的、粉的、黄的、红的花朵满满地铺了一层，犹如花的雕塑或海洋，给人以震撼感。

二、灌木景观配置

1. 点植

许多花灌木的观赏性很强，是人们视线聚集的焦点，在乔木作为上层植物配置好之后，这些灌木就点缀在单调背景之前，增添场所的观赏性（图3-13）。

2. 群植

较单一（或呈季相性变化特征明显，或花色叶色艳丽等）的灌木类型群植往往可以产生整体美的效果。如将夏鹃群植并修剪整齐，可以形成大色块的效果，在其上设置木栈道，身临其间犹如置身花海间；又如将红花檵木、金叶女贞等色叶植物按照一定设计图纹边界群植并修剪平整，形成如彩带般的紫色和金黄（图3-14、图3-15）。

图3-13 灌木点植也能形成气势

图3-14 灌木群植并修剪整齐形成绿篱

图3-15 水边的杜鹃花群植形成繁花似锦效果

图3-14
———
图3-15

第三节　草本

草本植物是最柔美、最艳丽的植物类型，为灰色的城市平添了几许色彩，在节假日或重要日子里，鲜艳的花卉是植物中的佼佼者和主角。

一、草本特性及其配置原理

1. 草本特性

草本为一年生或多年生植物，植株高度一般在10～60cm，是最矮的植物类型。草本是植物群落中的基底，是和道路（人的立点）最近的植物种类。

2. 配置原理

由于花草是一年或多年生植物，需要经常打理，而且植株矮小，所以经常将花草布置在灌木的最外沿，靠近人们行走的位置。

花草色彩鲜艳，通常在节庆日作为临时用摆设。通常将同一色彩的花摆放到一起，以数量美来打动观者。将不同色彩的植物按照设计花纹进行种植或摆设，形成感染力极强的图案或纹理。很多花卉植物还用于花卉立体雕塑中，按照色彩的需求将花卉植物在设计好的雕塑中种植上去，形成生动的人物、动物、建筑物等形象极佳的立体空间，生动地表现出场景特征。

二、草本景观配置

1. 花盆

将草本植物种植在花盆中，通过观赏花盆及其中的花卉植物为目的的种植形式，根据植株大小配置不等的花盆大小，通常用于节庆日主要城市景观点或企事业单位出入口以及家庭用花。多用于临时设施如廊柱、小品装饰等。

2. 花坛

花坛一般多设于广场和道路的中央、两侧及周围等处，主要在规则式布置中运用，多作为主景。花坛花卉要求长期保持鲜艳的色彩和整齐的轮廓，因此多选用植株低矮、生长整齐、花期集中、株丛紧密而花色艳丽的种类。

3. 花带

将花卉植物成线形布置，形成带状的彩色花卉线。一般设置于道路两侧，沿着道路向绿地内侧排列，植株从最矮逐渐升高到绿地内侧，形成层次丰富的多条色带效果。

4. 花境

花境指根据自然风景林中林缘野生花卉自然散布生长的规律，依环境的不同将花卉按高低次序和色彩调配布置成直线或曲线，呈自然斑状混交。花境多采用宿根花卉和球根花卉，多形成以树丛、树群、矮墙或建筑物作背景的带状自然式布置。

5. 丛植

花丛是指将花卉按照自然形态成丛状布置。花卉选择高低不限，常布置在开阔的草坪周围，自然曲线道路转折处或点缀于小型院落及铺装场地之中。

6. 片植

片植是将花卉成片栽植，体现色块效果。很多旅游地区就是采用花卉植物的片植形成气势，具有很强的感染力，如云南罗平的油菜花海，每到3月份油菜花开的季节，一眼望去尽是满满的黄色。其他很多旅游区也仿照这种做法创造万亩花园，用量美结合生产创造旅游价值。片植花卉多采用色艳、开花整齐、株丛紧密的花卉材料。

7. 花雕

花雕是指将色彩不同的花卉在已做好的模型上种植，形成雕塑的感觉。它常通过色彩的划分将立体空间表现得生动逼真，或模拟现实生活中的动物形态，或模拟抽象科学模型等，惟妙惟肖的描绘、丰富的色彩，让场景一下鲜亮起来。花雕这种植物造景虽然效果非常好，但由于财力、物力投入较大，以及景观效果持续的时间比较短暂，因此，花雕常限于节庆日以及重要的日子才在公园等重要出入口以及城市的形象展示节点处摆设（图3-16）。

图3-16 草本花卉植物做成的各种花雕

第四节　藤本

一、藤本特性及其配置原理

藤本植物是一种最有柔性、可以向自然空间随意造型的植物类型，城市中很多空间狭窄而垂直面单调的室内外空间往往采用藤本植物进行垂直绿化美化。

1. 藤本特性

藤本指茎细长、缠绕或攀缘他物上升的植物。茎木质化的称木质藤本，如紫藤、叶子花、北五味子、葛藤、木通等；茎草质的称为草质藤本，如常春藤、何首乌、葎草、白扁豆等。

2. 配置原理

藤本植物通常进行垂直绿化（立体绿化）或作为地被植物。作为垂直绿化通常是植于墙边或者花架、长廊边。木质藤本植物包括落叶和常绿两种，根据场地需要采用不同种类。

二、藤本景观配置

1. 片植

藤本片植形成地被效果，满满地将地面覆盖，如常用的常春藤、石斛、红薯等，采用藤本作为地被的优点是便于打理，选择适合的藤本可以一劳永逸，耐阴性藤本植物是很好的树荫地被植物，营造茂密的生态景观效果。

2. 攀缘点植

往往用于花架，沿着花架的柱子点植，形成攀缘效果。藤本植物沿着花架攀缘而上，将花架铺设得满满的，形成花架林荫，常常用在居住区绿地以及街边绿地中，供人们避暑歇息。点植藤本植物往往是木质藤本，常用的植物有凌霄、三角花、蔷薇等。

3. 列植

往往用于墙面的绿化，成排种植，将墙面铺得满满的（图3-17）。通常可以绿化建筑墙面、挡土墙或形成特定的绿墙。常用的植物有常春藤、爬山虎等。

图3-17 藤本植物依附墙体、柱体、地面等支持物形成景致，所以可以形成绿墙、花柱、地被

作业

1. 乔木都有哪些配置方式？举例说明。
2. 灌木常用的造景方式有哪些？
3. 草本花卉都有哪些造景方式？

第四章
园林植物景观设计的生态基础及城市环境

第一节　园林植物景观设计的生态基础

　　园林植物生长环境中的温度、水分、光照、土壤、空气等各种生态因子都会对植物的生长发育产生重要的影响，研究环境中各种因子与植物的关系是园林植物景观设计的理论基础。

　　某种植物长期生长在某种特定环境里，受到特定环境条件的影响，通过新陈代谢，于是在植物的生活过程中就形成了对某些生态因子的特定需要，并在进化过程中固定下来称为其生态习性。如苔藓类植物喜欢阴凉潮湿的环境，又如仙人掌耐旱不耐寒。具有相似生态习性和生态适应性的植物就属于同一个植物生态类型，如水中生长的植物叫水生植物，耐干旱的叫旱生植物，需在强阳光下生长的叫阳性植物，能在盐碱土上生长的叫盐生植物等。

　　因此，园林植物造景要充分考虑植物的生态习性：不同植物与环境之间存在不同的生态关系，不同植物之间，以及与动物之间也有不同的生态关系。

　　环境中各生态因子对植物的影响是综合的，也就是说，植物是生活在综合的环境因子中，并与其他生物共生共存。缺乏某一因子，或光、或水、或温度、或土壤，植物均不可能正常生长或不能很好地生长。环境中各生态因子是相互联系和制约的，并非孤立的。温度的高低和地面相对湿度的高低受光照强度的影响，而光照强度又受大气湿度、云雾所左右。

　　尽管组成环境的所有生态因子都是植物生长发育所必需的，缺一不可的，但对某一种植物，或者某种植物的某一生长发育阶段的影响常常有1～2个生态因子起决定性作用，这种起决定性作用的因子叫"主导因子"，而其他因子则都是从属于主导因子而起综合作用的。如望天树是热带雨林的植物，其主导因子是高温高湿；仙人掌是热带稀树草原植物，其主导因子是高温干燥，这两种植物离开了高温环境都要死亡。又如高山植物长年生活在云雾缭绕的环境中，在引种到低海拔平地时，空气湿度是其存活的主导因子，因此，将其种在树荫下一般较易成活。植物对不同生境的需求也就形成了自然界中不同生境的植物景观。反过来，我们的植物景观设计又要尊重植物本身的需要，遵守长期进化演变形成的自然规律。

一、温度因子

温度是植物极重要的生活因子之一。地球表面温度变化很大：空间上，温度随海拔纬度的升高而降低，随海拔纬度的降低而升高；时间上，一年有四季的变化，一天有昼夜的变化，都伴随着温度的变化。

温度的变化直接影响着植物的光合作用、呼吸、蒸腾等生理过程。每种植物的生长都有最低、最适、最高温度，称为温度三基点。热带植物如椰子、橡胶、槟榔等要求日平均温度在18℃以上才能开始生长；亚热带植物如柑橘、枫香、桂花、含笑、香樟、油桐、竹等在15℃左右开始生长；暖温带植物如桃、紫叶李、槐等在10℃甚至不到10℃就开始生长；温带树种紫杉、白桦、落叶松、云杉在5℃时就开始生长。一般植物在0~35℃的温度范围内，随温度上升生长加速，随温度降低生长减缓。热带干旱地区植物能忍受的最高极限温度为50~60℃，原产北方高山的某些杜鹃花科的小灌木，如长白山自然保护区的牛皮杜鹃、苞叶杜鹃、毛毡杜鹃都能在雪地里开花。

原产冷凉气候条件下的植物，每年必须经过一段休眠期，并要在温度低于5~8℃时才能打破休眠，不然休眠芽不会轻易萌发。为了打破休眠期，桃需400小时以上低于7℃的温度，越橘需要800小时，苹果则需要的时间更长。

过度的低温会使植物遭受寒害和冻害。在低纬度地方，某些植物即使在温度不低于0℃时也能受害，称之寒害。1975-1976年冬春，全国各地很多植物普遍受到冻害，而昆明更为突出，主要是那次寒潮早而突然，1天内共降温22.6℃，使植物不能很好地适应。春寒晚而多起伏，寒潮期间低温期长，昼夜温差大，绝对最低温度在零下的日数多，受害最严重的是从澳大利亚引入作为行道树种的银桦和蓝桉，而产于当地的乡土树种多数安然无恙。

常绿树无冻害且抗寒性强的有：凤尾兰、石楠、杉木、湿地松、油茶、柏木、白槠木、赤楠、栀子、千头柏、龙柏、铅笔柏、绒柏、雪柏、四月斑竹、广玉兰、海桐、柳杉、罗汉松、蚊母、匍地柏、杨梅、构骨、黑松等。

落叶树无冻害且抗寒性强的有：池杉、紫薇、白玉兰、泡桐、水杉、紫荆、国槐、白鹃梅、紫玉兰、凌霄、贴梗海棠、青枫、红枫、合欢、无患子、红叶李、紫叶桃、马褂木、鸡爪槭、银杏、梅花、柿、木槿、郁李、梧桐、柳树、枫杨、法国梧桐、枫香、木绣球等。

因此，园林植物造景应尽量提倡应用乡土树种。如椰子在海南岛南部生长旺盛，硕果累累，到了北部则果实变小，产量显著降低，在深圳不仅不易结实且经常有落果现象。又如凤凰木原产热带非洲，在当地生长十分旺盛，花期长而先于叶放。引至海南岛南部后花期明显缩短，有花叶同放现象，引至深圳则大多变成先叶后花，花的数量明显减少，甚至只有叶片不开花，大大影响了景观效果。

温度会影响植物的质量。如一些果实的果型变小、成熟不一、着色不艳（如椰子、柑橘类）。在实践中，常通过调节温度来控制花期，以满足造景需要。如桂花是属于亚热带植物，在北京盆栽通常在9月份开花。在北京，桂花花芽常于6月、8月初在小枝端或老干上形成，当高温的盛夏转入秋凉之后，花芽就开始活动膨大，夜间最低温度在17℃以下时就要开放。通过提高温度就可以控制花芽的活动和膨大。

四季变化最大的是温度，从夏天的三四十摄氏度到冬天的-40℃，景色变化显著。

植物景观依季节不同而异。一般来说季节的划分是根据每五天为一"候"的平均温度作为划分标准，如以每候平均温度10～22℃为春秋季，22℃以上为夏季，10℃以下为冬季的话，则我国主要城市四季长短及起始期见表4-1。

表4-1　　　　　　　　　我国主要城市四季长短及起始期

城市名	春起	日数	夏起	日数	秋起	日数	冬起	日数
深圳	11月1日	170	4月20日	195				
昆明	1月31日	315			12月12日	50		
福州	10月18日	205	5月11日	160				
重庆	2月15日	80	5月6日	145	9月28日	80	12月17日	60
汉口	3月17日	60	5月16日	135	9月28日	60	11月27日	110
上海	3月27日	75	6月10日	105	9月23日	60	11月22日	125
北京	4月1日	55	5月26日	95	9月8日	45	10月23日	165
沈阳	4月21日	55	6月15日	75	8月29日	50	10月18日	185
乌鲁木齐	4月26日	50	6月15日	65	8月19日	55	10月13日	195

由表4-1可知，深圳、广州夏季长达六个半月，春、秋连续不分，长达五个半月，没有冬季；昆明因海拔高达1900m以上，夏日恰逢雨季，实际上没有夏季，春秋季长达十个半月，冬季只有一个半月；东北夏季只有两个多月，冬季六个半月，春秋3个多月。由于同一时期南北地区温度不同导致植物景观差异很大。

春季：南北温差大，当北方气温还较低时，南方已春暖花开。如杏树分布很广，南起贵阳，北至东北的公主岭。从1963年记载的花期发现，除四川盆地较早外，贵阳开花最早，为3月3日，公主岭最迟，为4月20日，南北相差48天。从南京到泰安的杏树花期中发现，纬度每差1°，花期平均延迟约4.8天。又据1979年初春记载，西府海棠在杭州于3月20日开花，北京则于4月21日开花，两地相差32天。

夏季：南方温差小，如槐树在杭州7月20日始花，北京则于8月3日开花，两地相差13天。

秋季：北方气温比南方凉得早。当南方还烈日炎炎时北方已秋高气爽了，那些需要冷凉气温才能于秋季开花的树木及花卉就比南方要开得早。如菊花虽为短日照植物，但14～17℃才是花的适宜温度。

据1963年的物候记载，菊花在北京于9月28日开花，在贵阳则于10月底开花，南北相差一个月。此外，秋叶变色也是由北向南延迟。如桑叶在呼和浩特于9月25日变黄，在北京则于10月15日变黄，两地相差20天。

由于温度的不同，形成了热带、温带和寒带等不同的气候带，也就形成了不同的植物景观。我国最北属寒温带，最南端则属热带，全国展现出不同气候带丰富多彩的植物的景观。

二、水分因子

水与植物景观有很紧密的关系。水分是植物体的重要组成部分。一般植物体含有60%~80%，甚至90%以上的水分。植物对营养物质的吸收和运输以及光合、呼吸、蒸腾等生理作用，都必须在水分的参与下才能进行。

水是能影响植物形态结构、生长发育、繁殖及种子传播等的重要的生态因子。因此，水可直接影响植物是否能健康生长，也因此具有多种特殊的植物景观。

自然界降水的状态有固体状态（雪、霜、霰、雹）、液体状态（雨水、露水）、气体状态（云、雾等）。雨水是降水的主要形式，因此年降雨量、降雨的次数、强度及其分配情况均直接影响植物的生长与景观形成。

水分因子对于植物而言，包括空气中的水——空气湿度，土壤中的水——土壤含水量和水生环境——江、河、湖、海等水体。这三种水分因子既有区别又有关联。空气湿度对植物生长起很大作用，园林植物造景要充分考虑空气湿度。

在云雾缭绕的高山上，有着千姿百态的各种观赏植物，它们长在岩壁上、石缝中、瘠薄的土壤母质上，或附生于其他植物上。这类植物没有坚实的土壤基础，它们的生存与较高的空气湿度休戚相关，如在高温高湿的热带雨林中，高大的乔木上常附生有大型的蕨类，如鸟巢蕨、岩姜蕨、书带蕨、星蕨等，植物体呈悬挂、下垂姿态，抬头观望，犹如空中花园。这些蕨类都发展了自己特有的储水组织。

在海南岛尖峰岭自然保护区，由于树干、树杈以及地面长满苔藓，地生兰、气生兰到处生长。北京植物园的展览温室中创造出相对空气湿度高于80%的人工环境来进行人工的植物景观创造，一段朽木上就可以附生很多花色艳丽的气生兰、花叶兼美的凤梨科植物，以及各种蕨类植物。

园林植物造景还应考虑由于不同的植物种类长期生活在不同水分条件的环境中，形成了对水分需求不同的生态习性和适应性。根据植物对水分的关系，可把植物分为水生、湿生（沼生）、中生、旱生等生态类型。它们在外部形态、内部组织结构、抗旱、抗涝能力以及植物景观上都是不同的。

园林中有不同类型的水面：河、湖、塘、溪、潭、池等，不同水面的水深及面积、形状不一，必须根据植物本身特性，选择相应的植物来美化。水生植物中，有沉水植物、浮水植物和挺水植物，因此在水面上形成很不同的景观。

还有一些湿生植物，它们的根常没于浅水中或湿透了的土壤中，比较能适应水湿的环境，如果空气或土壤中水分太少则不利生长，在园林植物造景中可用的有落羽松、池杉、墨西哥落羽松、水松、水椰、红树、白柳、垂柳、旱柳、黑杨、枫杨、二花紫树、箬棕属、沼生海枣、乌桕、白蜡、山里红、赤杨、梨、楝、三角枫、丝棉木、柽柳、夹竹桃、榕属、水翁、千屈菜、黄花鸢尾、驴蹄草等。

在干旱的荒漠、沙漠等地区生长着很多抗旱植物，如海南岛荒漠及沙滩上的光棍树、木麻黄，伴随着龙血树、仙人掌等植物生长。

一些多浆的肉质植物，在叶和茎中储存大量水分，如西非猴面包树，树干最粗可达40人合抱，可储水40吨之多；南美洲中部的瓶子树，树干粗达5m，也能储大量水分；北美沙漠中的仙人掌，高可达15~25m，可蓄水2吨以上。

陆生植物即陆地上生长植物的统称，它包括湿生植物、中生植物、旱生植物三大类。

湿生植物

湿生植物即生活在草甸、河湖岸边和沼泽的植物。湿生植物喜欢潮湿环境，不能忍受较长时间的水分不足，是抗旱能力最低的陆生植物。其根据生境特征，可分为阳性湿生植物（喜强光、土壤潮湿）和阴性湿生植物（喜弱光、大气潮湿）。

中生植物

中生植物形态结构和适应性均介于湿生植物和旱生植物之间，是种类最多、分布最广、数量最大的陆生植物。此类植物不能忍受严重干旱或长期水涝，只能在水分条件适中的环境中生活，陆地上绝大部分植物皆属此类。

旱生植物

旱生植物通常是指定水植物中的适旱类型，区别于耐旱型植物。即通过形态或生理上的适应，可以在干旱地区保持体内水分以维持生存的植物。广义的旱生植物也包括耐旱型植物。

图4-1 不同水分需求的植物景观

用光棍树、沙漠玫瑰、金琥、擎天柱、鲨鱼掌、星云、绯牡丹等组合搭配，可以形成优美的沙漠风情。在我国，樟子松、小春杨、小叶杨、小叶锦鸡儿、柳叶绣线菊、雪松、白柳、旱柳、构树、黄檀、榆、朴、白栎等都很抗旱，可以创造很好的旱生景观（图4-1）。

三、光照因子

1. 概述

植物在光合作用过程中依靠叶绿素吸收太阳光能，并利用光能把二氧化碳和水加工成糖和淀粉，之后放出氧气，这是植物与光最本质的联系。光的强度、光质及日照时间的长短都影响着植物的生长和发育。由于适应不同的光强，植物形成其自身的某种特性，反过来，它们又对光强产生了不同的要求。

2. 植物对光照强度的要求

根据对光照的要求，传统上将植物分成阳性植物、阴性植物和居于这二者之间的耐阴植物（表4-2）。

（1）阳性植物

通常要求较强的光照，不耐蔽荫，一般需光度为全日照70%以上的光强，在自

表4-2　　　　　　　　　　　常见喜阳植物、耐阴植物和中性植物一览表

耐阴程度	常见的植物种类
喜阳植物 （阳光充足才能正常生长）	大多数松柏类植物、银杏、广玉兰、鹅掌楸、白玉兰、紫玉兰、朴树、榆树、楝木、毛白杨、合欢、鸢尾、牵牛花、假剑草、结缕草等
耐阴植物 （庇荫条件下才能正常生长）	罗汉松、花柏、云杉、冷杉、甜槠、福建柏、红豆杉、紫杉、山茶、栀子花、南天竹、海桐、珊瑚树、大叶黄杨、蚊母树、迎春、十大功劳、常春藤、玉簪、八仙花、早熟禾、麦冬、沿阶草等
中性植物	柏木、侧柏、柳杉、香樟、月桂、女贞、小蜡、桂花、小叶女贞、丁香、红叶李、棣棠、夹竹桃、七叶树、石楠、麻叶绣球、垂丝海棠、樱花、葱兰、虎耳草等

然植物群落中，常为上层乔木。如木棉、桉树、木麻黄、椰子、芒果、杨、柳、桦、槐、油松，以及许多一、二年生植物。阳性植物如果给予荫蔽会生长不良甚至死亡，造景时须考虑将阳性植物置于景上方。

（2）阴性植物

在较少的光照条件下比在强光下生长良好，一般需光度为全日照的5%～20%，不能忍受过多的光照，尤其是一些树种的幼苗，需在一定的庇荫条件下才能生长良好。在自然植物群落中常处于中下层，可生长在潮湿背阴处，在群落结构中常为相对稳定的主体。如红豆杉、三尖杉、粗榧、香榧、铁杉、可可、咖啡、肉桂、萝芙木、珠兰、茶、柃木、紫金牛、中华常春藤、地锦、三七、草果、人参、黄连、细辛、宽叶麦冬及吉祥草等。

（3）耐阴植物

一般来说，需光度在阳性和阴性植物之间，对光适应的范围比较大。在全日照下生长良好，也能忍受适当的庇荫，大多数植物属于此类。如罗汉松、竹柏、山楂、椴、栾、君迁子、桔梗、白芨、棣棠、珍珠梅、虎刺及蝴蝶花等。

根据经验来判断植物的耐阴性是目前在植物造景中的依据，但是极不精确。如通常都认为杜鹃是很耐阴，而杭州西湖山区野生映山红在光强为全日照20%的赤松林下生长发育良好，开花中等，叶片健壮，无灼伤现象。在全日照的山坡上，开花繁茂，叶片受灼伤。这说明其对光的适应幅度很大。而且，植物的耐阴性是相对的，其耐阴程度与纬度、气候、年龄、土壤等条件有密切关系。在低纬度的湿润、温热气候地区，同一种植物要比在高纬度、较冷凉气候地区耐阴。植物造景时，植物对光强的需要，只有通过对各种树种及草本植物耐阴幅度的了解，才能在顺应自然的基础上科学地配植，组成既美观又稳定的人工群落。

3. 植物对光照时间的要求

1）长日照植物：日照长度在14～16小时促进成花或开花，短日照条件下不开花或迟开花。

2）中日照植物：成花或开花过程不受日照长短的影响，一定温度和营养条件下即可开花。

3）短日照植物：日照长度在8～12小时促进成花或开花，长日照条件下不开花或延迟开花（图4-2）。

阳性植物

此类为喜光植物。光照强度对植物的生长发育及形态结构的形成有重要作用，在强光环境中生长发育健壮。在庇荫和弱光条件下生长发育不良的植物称阳性植物。

阴性植物

阴性植物是在较弱光照下比在强光照下生长良好的植物。它可以在低于全光照的1/50下生长，光补偿点平均不超过全光照的1%。体内含盐分较少，含水分较多。这类植物枝叶茂盛，没有角质层或很薄，气孔与叶绿体比较少。阴性植物多生长在潮湿、背阴的地方。

中性植物

中性植物为介于阳性与阴性之间的植物。

图4-2 不同光照需求的植物景观

四、空气因子

1. 概述

空气中二氧化碳和氧气是植物光合作用的主要原料和产出物质。这两种气体的浓度直接影响植物的健康生长与开花状况。如果空气中的二氧化碳含量由0.03%提高到0.1%，则植物光合作用效率就会大大提高。

空气流动形成风，风能帮助授粉和传播种子。兰科和杜鹃花科的种子细小；杨柳科、菊科、萝藦科、铁线莲属、柳叶菜属植物有的种子带毛；榆、槭属、白蜡属、枫杨、松属某些植物的种子或果实带翅；铁木属（Ostva）的种子带气囊，都借助于风来传播。此外，银杏、松、云杉等的花粉也都靠风传播。

园林植物造景时应考虑风传播的花粉对人呼吸道的影响。如在我国的一些地区，五一节前飘舞的柳絮让游人和行人都感到"呼吸困难"。有趣的是，在瑞典，柳絮被看成浪漫的象征。

一些害风常引起植物受害，如台风、焚风、海潮风、冬春的旱风、高山强劲的大风等。沿海城市树木常受台风危害；极其干热的焚风一过，植物纷纷落叶，甚至死亡；海潮风常把海中的盐分带到植物体上，如抗不住高浓度的盐分就会死亡。北京早春的旱风是造成植物枝梢干枯的主要原因。强劲的大风常常出现在高山、海边和草原上。

为了适应多风、大风的高山生态环境，很多植物生长低矮、贴地，株形变成与风摩擦力最小的流线型，成为垫状植物。园林植物造景应充分考虑风害的影响，以免植物遭受不必要的损失，尽量选用抗风害植物品种，并加强后期管理，如搭风帐、及时剪去枯梢等等。

空气污染是当今一大严重社会问题，一些老工厂的"三废"问题相当严重，而很多有机化工厂如油漆厂、染化厂中一些苯、酚、醚化合物的排放物对植物和人体的影响巨大。主要有害气体有二氧化硫（SO_2）、氟化氢（HF）、氯气（Cl_2）、硫化氢（H_2S）和光化学烟雾等，会导致植物叶片轻者出现伤斑、条斑、焦边，重者叶片萎蔫下垂、枯焦脱落，影响景观效果。

2. 植物受害结果

植物的生长发育受害，表现为生长量降低、早落叶、延迟开花结实或不开花结果、果实变小、产量降低、树体早衰等。然而也有些植物在受到有害气体侵害时植物体本身受害会相对较小，在空气污染较严重的地区进行植物造景时，可以选用一些抗污染植物，以维持一定的景观稳定性。各地抗污染树种见表4-3～表4-5和图4-3。

表4-3   我国北部地区（包括华北、东北、西北）的抗污染树种

有毒气体	抗性	树种
二氧化硫（SO_2）	强	构树、皂荚、华北卫矛、榆树、白蜡、沙枣、怪柳、臭椿、侧柏、大叶黄杨、紫穗槐、加杨、枣、刺槐
	较强	梧桐、丝棉木、槐、合欢、麻栎、紫藤、板栗、杉松、柿、山楂、桧柏、白皮松、华山松、云杉、杜松
氯气（Cl_2）	强	构树、皂荚、榆、白蜡、沙枣、怪柳、臭椿、侧柏、杜松、枣、五叶地锦、地锦、紫薇
	较强	梧桐、丝棉木、槐、合欢、板栗、刺槐、银杏、华北卫矛、杉松、桧柏、云杉
氟化氢（HF）	强	构树、皂荚、华北卫矛、榆、白蜡、沙枣、云杉、侧柏、杜松、枣
	较强	梧桐、丝棉木、槐、桧柏、刺槐、杉松、山楂、紫藤、怪柳

表4-4   我国中部地区（包括华东、华中、西南部分地区）的抗污染树种

有毒气体	抗性	树种
二氧化硫（SO_2）	强	大叶黄杨、海桐、蚊母、棕榈、青冈栎、夹竹桃、小叶黄杨、石栎、绵槠、构树、无花果、凤尾兰、构桔、枳橙、蟹橙、柑橘、金橘、大叶冬青、山茶、厚皮香、冬青、构骨、胡颓子、樟叶槭、女贞、小叶女贞、丝棉木、广玉兰
	较强	珊瑚树、梧桐、臭椿、朴、桑、槐、玉兰、木槿、鹅掌楸、刺槐、紫藤、麻栎、合欢、泡桐、樟、梓、紫薇、板栗、石榴、柿、罗汉松、侧柏、楝、白蜡、乌桕、榆、桂花、栀子、龙柏、皂荚、枣
氯气（Cl_2）	强	大叶黄杨、青冈栎、龙柏、蚊母、棕榈、构橘、枳橙、夹竹桃、小叶黄杨、油茶、木槿、海桐、凤尾兰、构树、无花果、丝棉木、胡颓子、柑橘、构骨、广玉兰
	较强	珊瑚树、梧桐、臭椿、女贞、小叶女贞、泡桐、桑、麻栎、板栗、玉兰、紫薇、朴、楸、梓、石榴、合欢、罗汉松、榆、皂荚、栀子、槐
氟化氢（HF）	强	大叶黄杨、蚊母、海桐、棕榈、构树、夹竹桃、构桔、枳橙、广玉兰、青冈栎、无花果、柑橘、凤尾兰、小叶黄杨、山茶、油茶、茶、丝棉木
	较强	珊瑚树、女贞、小叶女贞、紫薇、臭椿、皂荚、朴、桑、龙柏、樟、榆、楸、梓、玉兰、刺槐、泡桐、垂柳、罗汉松、乌桕、石榴、白蜡
氯化氢（HCl）	强	小叶黄杨、无花果、大叶黄杨、构树、凤尾兰
二氧化氮（NO_2）	强	构树、桑、无花果、泡桐、石榴

表4-5   我国南部地区（包括华南西南部分地区）的抗污染树种

有毒气体	抗性	树种
二氧化硫（SO₂）	强	夹竹桃、棕榈、构树、印度榕、樟叶槭、楝、扁桃、盆架树、红背桂、卵叶牡丹、小叶驳骨丹、杧果、广玉兰、细叶榕
	较强	菩提榕、桑、鹰爪、番石榴、银桦、人心果、蝴蝶果、木麻黄、蓝桉、黄槿、蒲桃、阿珍榄仁、黄葛榕、红果仔、米仔兰、树菠萝、石栗、香樟、海桐
氯气（Cl₂）	强	夹竹桃、构树、樟叶槭、盆架树、印度榕、松叶牡丹、小叶驳骨丹、广玉兰
	较强	高山榕、细叶榕、菩提榕、桑、黄槿、蒲桃、石栗、人心果、番石榴、大黄、米仔兰、蓝桉、蒲葵、蝴蝶果、黄葛榕、鹰爪、扁桃、杧果、银桦、桂花
氟化氢（HF）	强	夹竹桃、棕榈、构树、广玉兰、桑、银桦、蓝桉

污染监测植物：对环境中二氧化硫、氯化氢、硫化氢、乙烯、苯、醛等污染物都有监测能力的植物。一旦环境中出现硫化物，它的叶片上就会出现斑纹，甚至枯黄脱落。这便是向人们发出警报。

抗污染植物：在以上污染环境中可以正常生长，并能吸附污染物的植物。

图4-3 不同空气下求的植物景观

五、土壤因子

植物生长离不开土壤，即使是"无土栽培"也仍要模拟自然状态下土壤的一些属性。土壤对植物最明显的作用之一就是提供植物根系生长的场所。没有土壤，植物就不能直立，更谈不上生长发育。根系在土壤中生长，土壤提供植物需要的水分、养分，除了氮、磷、钾外，还有13种主要的微量元素。不同的土壤上生长着不同的植物，而不同的植物又适应不同的土壤，土壤的生态效应对植物造景大有帮助。

1. 母岩对园林植物的影响

不同性质的土壤由不同的岩石风化后形成。岩石风化物对土壤性状的影响主要表现在物理、化学性质上。如土壤厚度、质地、结构、水分、空气、湿度、养分等状况以及酸碱度等。

如石灰岩主要由碳酸钙组成，在风化过程中碳酸钙可受酸性水溶解，大量随水流失，土壤中缺乏磷和钾，多具石灰质，呈中性或碱性反应。土壤黏性大，易干，不适宜针叶树生长，适宜喜钙、耐旱的植物生长，上层乔木以落叶树为主。如杭州龙井寺附近及烟霞洞多属石灰岩，乔木树种有珊瑚朴、椭榆、大叶榉、黄连木，灌木中有石灰岩指示植物南天竹和白瑞香。植物景观常以秋景为佳，秋色叶绚丽夺目。在杭州云栖及黄龙洞分别为砂岩和流纹岩，植被组成中以常绿树种较多，如青冈栎、苦槠、米槠、绵槠、紫楠、浙江楠、香樟等，也适合马尾松和毛竹的生长。流纹岩难以风化，在温暖湿润条件下呈酸性或强酸性，形成红色黏土或砂质黏土。

2. 酸碱度对园林植物的影响

据我国土壤酸碱性情况，可把土壤碱度分成五级：pH值<5为强酸性；pH值=5~6.5为酸性；pH值=6.5~7.5为中性；pH值=7.5~8.5为碱性；pH值>8.5为强碱性。

酸性土壤植物在碱性土或者钙质土上无法生长或多生长不良，它们分布在高温多雨地区，土壤呈酸性。另外，在高海拔地区，由于气候冷凉、潮湿，在针叶树为主的森林区，土壤中形成富里酸，含灰分较少，因此土壤也呈酸性。这类植物包括柑橘类、茶、山茶、白兰、含笑、珠兰、茉莉、桃木、构骨、八仙花、肉桂、高山杜鹃等。

当土壤中含有碳酸钠或碳酸氢钠时，土壤的pH值可达8.5以上，称为碱性土。如土壤中所含盐类为氯化钠、硫酸钠，则pH值呈中性，能在盐碱土上生长的植物叫耐盐碱土植物，如新疆杨、文冠果、合欢、木槿、黄栌、柽柳、油橄榄、木麻黄等。土壤中含有游离的碳酸钙称钙质土，有些植物在钙质土上生长良好，称为"钙质土植物"（喜钙植物），如南天竹、柏木、青檀、臭椿等。

进行植物造景时，应考虑当地土壤的理化性质，选种适宜的树种或者考虑换土为外来树种创造适宜的土壤环境（图4-4）。

六、生物相关性

如同水火不相容一般，某些植物也不能共同生存，是相克的关系，一方的存在导致另一方的生长受到限制甚至死亡，或者两者的生长都受到抑制；也有与地衣中真菌和菌类的共生关系相似的，两者是相生的关系，一方的存在有利于另一方的生长。当通过设计人工植物群落种间组合来进行植物造景时，要区别哪些植物可"和平共处"，哪些植物"水火不容"。下面介绍一些植物间相克或相生的例子。

1. 相克

1）黑胡桃（Juglans nigra）不能与松树、苹果、马铃薯、番茄、紫花苜蓿及多种草本植物栽植在一起。因为黑胡桃树的叶子和根能分泌一种物质，这种物质在土壤中水解与氧化后，具有极大的毒性，致使其他植物受害。桦木幼苗栽植在黑胡桃近旁，越近其生长越差，甚至死亡。而黑胡桃与悬钩子（Rubus）则可共生。

2）蓝桉与赤桉等林内草本与木本植物不能生长。它产生的萜烯类化合物，能抑制其他植物发根。

3）苹果树行间种马铃薯，苹果树的生长会受到抑制，因为马铃薯的分泌物能降低苹果根部和枝条的含氧量，使其发育受阻。在苹果园中间种芹菜、胡麻、燕麦、冰草、苜蓿等植物，均不利苹果

酸性植物

酸性土壤是pH值小于7的土壤总称，包括砖红壤、赤红壤、红壤、黄壤和燥红土等土类。我国热带、亚热带地区广泛分布着各种红色或黄色土壤的酸性土壤。在酸性土壤（土壤pH值在6.5以下）上生长最好、最多的种类。例如五针松、杜鹃、山茶、油茶、栀子花、吊钟花、秋海棠、朱顶红、茉莉等。

碱性植物

能在碱性土壤中生存的植物一般称作耐碱性植物。能生长在碱性环境的植物主要有：柽柳、沙蓬草、沙枣、紫穗槐。

中性植物

介于酸性与碱性之间，pH值为6.5～7.5的植物。应该说大多数植物在中性酸碱度的土壤里能够正常生长。

图4-4 不同土壤酸碱度需求的植物景观

树的生长，但苹果园种南瓜可使南瓜增产。苹果树的根分泌苯甲酸，苹果树根皮所含的根皮甙，也能抑制苹果的生长，因而在更新时，必须清除苹果树的老根。

4）刺槐、丁香、薄荷、月桂等能分泌大量的芳香物质，对某些邻近植物有抑制作用。刺槐强烈地抑制杂草生长发育。

5）榆树与栎树、白桦不能间种。

6）松树与云杉不能间种。

7）赤松林中牛膝、灰藜和野苋菜生长不良。

8）桑树附近忌种烟叶，否则会引起蚕中毒。

9）葡萄园内不能种小叶榆、甘蓝。在新疆阿拉罕葡萄沟了解到，葡萄果园方圆几里之内不能种小叶榆，否则将导致葡萄大量死亡。

10）竹不能与芝麻间种。

11）日本赤松能改变植物群落的组成。

12）辐射松（Pinus radiata）对苜蓿胚茎的生长具明显的抑制作用。

13）西伯利亚红松、西伯利亚落叶松、西伯利亚云杉，各形成单一的优势树种纯林。

14）银桦幼苗根部如与壮龄树相接触，幼苗死亡。

15）美国梧桐林下寸草不长唯两树冠之间隙杂草繁茂。

16）茄科、十字花科、蔷薇科的某些植物不能种在一起。

17）风信子、稠李抑制某些植物的生长。

18）丁香与铃兰、水仙与铃兰、丁香与紫罗兰不能混种。

19）刺槐的树皮含有某种成分，其影响会使刺槐林下仅有白屈菜等少数几种草本植物。

20）小球藻抑制菱形藻的生长；多甲藻抑制棚藻的生长；栅藻抑制盘星藻的生长。

21）白屈菜的分泌物对松树危害很大。

22）冰草的根系分泌物对栎、苹果有显著的抑制作用。匍枝冰草、鹅冠草对加杨、柽柳的幼苗有抑制作用。

23）接骨木根系的分泌物对大叶钻天杨的生长有抑制作用。

24）松树不能与接骨木生长在一起，因接骨木对松树的生长有强烈的抑制作用，甚至落入接骨木林冠下的松子会全部死亡。

25）加拿大在荒地营造糖槭人工林，由于一枝黄花（Solidago rugosa）及伞紫菀（Aster umbellatus）使糖槭种子难以发芽，幼根不能吸收养分（PN）抑制幼苗生长。唯有施用100mg/kg的氮肥，才能不受害。

26）松树根分泌的一种激素可抑制桦树的生长，但桦树根的激素却能促进桦树的生长。

27）生长于地表的土地衣（Soillichens）对樟子松、挪威云杉有危害，若除去地衣，则可恢复生长。

28）如果把果树种在各种花卉旁边，各种花就会加速凋谢。

29）紫云英叶子上有丰富的硒，可杀伤周围植物。

30）桃树与茶树不能间种，否则茶树枝叶枯萎。据在湖南调查，发现桃树根系分泌一种胶状物质，能使茶树根腐烂。桃树也不能重茬，因为桃树的根内含有扁桃贰，分解时产生苯甲醛，严重毒害桃树的更新，老的桃树没有清除之前，新的桃树根长不出来。桃树周围不适宜种杉树，否则不能成材。

31）大丽花如果连种在一块地里，花会变小，重瓣变单瓣，明显退化。

32）柑橘与桉树不能间种。重庆东风林场在原有大叶桉树的坡地上种植大量的柑橘林，5~6年后柑橘成林，而大叶桉却相继死亡。

33）柑橘与花椒不能混栽，否则柑橘生长会受抑制。柑橘苗圃不能重茬，不然，柑橘苗生长不良，且易发生病害。因此，使用一次的地要更新换土。

34）菊花不能重茬。据贵阳市园林局的经验，菊花开过花后，取芽换土重栽，第二年旺，花大、色艳。如果连续在同一块地里种菊，则植株退化，花小色暗。

35）鸡冠花如在一块地里连种，不仅花变小，而且连其种子也难萌发，幼苗衰弱。

36）郁金香种一次后，必须换土。否则生长到第四年时，花冠直径退到原来一半，失去观赏价值。

2. 相生

1）黑接骨木对云杉根系分布扩展有利。

2）皂荚、白蜡槭与七里香在一起，可促进种植间结合。

3）黄栌与七里香有相互促进作用。

4）黑果红瑞木与白蜡槭在一起有促进作用。

5）葡萄园种紫罗兰，结出的葡萄香味更浓。

6）赤松林中，桔梗、苍术、荻和结缕草生长良好。

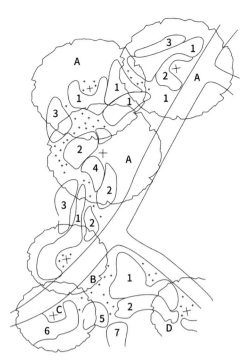

图4-5 在分析植物生长的生态条件基础上进行的
种植设计方案

树木：A-欧洲白蜡树；B-欧亚槭；C-欧洲花楸；
　　　D-鸡距山楂
灌木：1-棉毛荚蒾；2-欧洲荚蒾；3-巴东荚蒾；
　　　4-黄灰榛；5-欧洲红瑞木；6-葡茎檵木；
　　　7-蔷薇类
地被物：蚊子草属、香科属、银莲花属的草本植物
资料来源：《园林景观设计》。

7）檫树与杉树可共生。

8）核桃与山楂间种可以互相促进，山楂的产量比单种高。

9）北京农林科学院果树所试验，在上茬为板栗与油松育苗地里培育油松，结果油松长得特别好。

10）牡丹与芍药间种，能明显促进牡丹生长，使牡丹花繁叶茂，花大色艳。

七、植物景观的生态设计方法

植物配置应综合考虑植物材料间的形态和生长习性，既要满足植物的生长需要，又要保证能创造出较好的视觉效果，与设计主题和环境相一致。一般来说，庄严、宁静的环境的配置宜简洁、规整；自由活泼的环境的配置应富于变化；有个性的环境的配置应以烘托为主，忌喧宾夺主；平淡的环境宜用色彩、形状对比较强烈的配置；空阔环境的配置应集中，忌散漫。

规模较大的种植设计应遵循生态学原理，以地带性植被为种植设计的理论模式。规模较小的，特别是立地条件较差的城市基地中的种植设计应以基地特定的条件为依据。

自然植物群落是一个经过自然选择、不易衰败、相对稳定的植物群体。光照、温度、水分、土壤、地形等是植被类型生长发育的重要因子，群体对包括诸因子在内的生活空间的利用方面保持着经济性和合理性。因此，对当地的自然植被类型和群落结构进行调查和分析无疑对正确理解种群间的关系有极大的帮助，而且，调查的结果往往可作为种植设计的科学依据。例如，英国的布里安·海克特教授（Brian Hackett）曾对白蜡占主导的，生长在石灰岩母岩形成的土壤上的植物群落做了调查和分析。据构成群落的主要植物种类的调查结果做了典型的植物水平分布图，从中可以了解到不同层植物的分布情况，并且加以分析，做出了分析图。在此基础上结合基地条件简化和提炼出自然植被的结构和层次，然后将其运用于植物景观设计之中（图4-5）。

第二节　城市环境

城市环境有别于城市以外的自然环境，由于人口聚集带来了许多关于土地、空气的生态问题。对于生长在这里的植物，要求它们能适应这样复杂纷乱的城市环境中，对其生态习性的改良在技术上提出了很高的要求。人们适应这样的土地和空气，同时在这种环境的生物进行改造的过程中不断学习以此达到与城市同存同长（图4-6、图4-7）。

图4-6 以建筑实体为主，间插少量绿地的城市环境

图4-7 建筑与绿化融为一体的城市环境

图4-8 城市里的街道铺装

图4-6
图4-7
图4-8

一、土地

城市土地容纳了城市基础的各种管线、承载了各种建筑等附属物以及人类频繁活动的压力，使得这里的土地紧实而不透气。钢筋混凝土及各种人工材料拒绝空气中水分的渗入，使得土壤干燥缺乏水分，同时伴随着营养物的缺失，土壤非常贫瘠（图4-8）。

1. 城市土地特征

（1）城市绿地面积减少，出现"城市荒漠"

在城市土地开发和再开发时，为了取得更多的生产、生活用地，不惜牺牲绿化用地，不按规划要求的指标保留和建设绿化用地或拆迁破坏的绿化用地，会造成许多城市硬质景观和软质景观面积比例严重不协调，环境自净能力大为降低，导致城市尘土飞扬，噪声倍增，疾病增加。

（2）占用绿地进行商业性建设，严重破坏生态环境

受短期经济利益观念的影响，全国有少数城市出现了占用公园、湖泊进行商业性建设，严重破坏了生态平衡，造成城市水土流失的现象，致使洪水、泥沙进入市区，给国家和人民造成了严重的经济损失。例如，有些城市不顾实际情况，砍掉树木，毁掉绿地，盲目搞各种"世界风光公园"，把环境宜人、幽雅舒适的自然景观改造成了混凝土堡垒；有些为了所谓的当前经济效益，把公园改造成各种营利性的娱乐设施等。

（3）土地生态污染严重

指那些被利用后由于各种原因受到污染而对人体和环境产生潜在危害的土地。造成土地污染的原因既有历史因素，也有城市规划与工业布局因素。

过去，由于科学技术尚不发达，人们盲目滥用土地，使一些土地资源遭到严重破坏。现在，则是由于大工业的发展，带来的工业布局及城市规划的不合理性以及发展中存在的盲目性，导致仍然有一些土地资源遭到破坏。

工业"三废"已是老问题，但随着经济的发展，反而有愈演愈烈之势。一些地方政府为了增加财政收入，扩大就业，片面追求经济效益和社会效益，而忽略了环境效益。而有些地方政府，由于财政资金不足和投入基础设施的治污系统不完善，直接导致整个管辖范围环境恶化、土地污染严重。在土地利用方面，由于规划缺乏科学性，在土地利用布局上缺乏明确的产业布局指导作用和优先过滤作用。

2. 城市土地生态开发

（1）合理制定城市生态发展规划

建设生态城市，规划是发展的前提，是城市发展的定位器，城市

的生态化首先是规划的生态化。生态城市规划就是把生态理念贯穿于城市规划设计的全过程，构建生态城市、生态集镇、生态新村、生态社区、生态小区体系，对城市布局、结构、建筑、色调、雕塑等设施要用生态学来审视，使城市从平面、空间均显现艺术生态性。在规划中提出以生态学为指导思想，在规划评审过程中请生态学者参加，城市生态规划完全可以由以生态学者为主来完成。在做好规划的同时还要积极传播生态文明、倡导生态理念、培养生态文化、增强民众的生态意识。

（2）以生态重建为先导提升城市容量

大部分城市的城乡结合部位往往是垃圾堆放、采石、取土、挖砂的"理想"场所，曾是城市生命线的河道、阶地更是长期遭受污水的侵袭。通过对这些污染重灾区的生态重建，可以完善城市形态，改善生态环境，提升城市的综合承载力。

目前，我国有1万多家国有矿山、23万多家集体、个体矿山，分散或集聚于300余座矿业城镇周围，压占土地4万余平方公里。其中，矿业型城市110座，约占全国城市总数的1/6，可见，仅矿山压占土地的整理复垦，就会呈现巨大的潜质。如位于徐州市东北部的贾旺区是主要煤矿区，采矿塌陷严重，出现了大片汪洋，当地政府因地制宜，一方面利用政策资金复垦、治理环境，另一方面进行科学规划、招商引资，如今，环境优美的人工湖景区及初具规模的贾旺工业园已在昔日的塌陷区崛起。

（3）研发推广生态产业

大量研发生态产业如清洁产品、空气净化产品、水处理产品、废弃物综合治理产品、负离子生产产品等，并设立专项资金积极试验推广之。

（4）以生态化理念创新开发

遵循资源利用的减量化（Reduce）、产品的再使用（Reuse）、废弃物的再循环（Recycle），科学、合理规划，各功能分区及相关企业、分项目之间形成产业偶合（并联、串联），保证运转成本最低、外部经济性最佳。

（5）建立城市立体绿化体系景观

生态学是土地生态规划、管理、设计和开发的基础。德国著名景观生态学家沃夫岗·哈勃教授认为：在一给定的区域单位（RNU）内，占优势的土地利用类型（起源于土地的适合性和传统）不能成为存在的唯一类型，至少地表的10%~15%必须为其他土地利用或区元（ecotope）保存下来。只有通过这种空间异质性的保持，才有利于促进生物的多样性以及土地生态系统的稳定和平衡。

根据该理论，城市绿化树种应该以乡土乔木、灌木为主，乔木、灌木、草结合，各种植物之间的平面距离、立面结构（乔木、灌木、花卉、草坪与地被植物）及其轮廓变化等要合理搭配，营造能体现生物多样性和地方特色的城市森林。

在新建房屋时，必须使绿化与建筑占地面积比例达到一定水平，一般不少于30%，否则土地开发计划不应予以批准；其次，通过组建园林开发公司，专门进行园林、旅游、风景区的建设和住宅小区的绿化配套，包括绿化隔离带、街心花园、道路绿化，以及工厂绿化等综合开发经营。再次，积极发展主体绿化、屋顶绿化，建设屋顶花园等，全方位提高城市绿化整体水平（图4-9）。

3. 城市绿地特征

城市环境中绿地是一块特殊的用地，既不同于城市中的硬质铺装用地，也不同于郊外生长各种植物的自然土地，城市绿地介于二者之间，使得绿化成为可能。

图4-9 建筑体、城市空中花园立体绿化系统

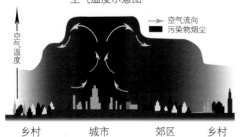

空气温度示意图

空气流向
污染物烟尘

乡村　城市　郊区　乡村

图4-10 城市中的种植环境，需要人工改良

图4-11 城市空气温度与污染浓度分布示意图

资料来源：《城市绿地系统规划》

图4-12 城市商业步行街人流如织

图4-10
图4-11
图4-12

在城市中进行绿化时，种植土壤需要改良：或是通过换土改善植物的生长环境，或是通过增加腐殖物质等营养物质改善原有的土壤生存环境。根据所要种植的植物类型及根系深浅，改良土壤成不同的酸碱性、不同的营养成分配方及适当的厚度，以满足各种植物的生长需求（图4-10）。

二、空气

城市中由于各种机械运转需要燃烧煤、油、气，空气中包含了各种工业物质排放的废气；城市人口聚集，人类呼吸排放的废气也是城市空气中的重要组成成分；城市建筑施工过程中产生的扬尘主要来源于土方开挖、场地平整、土石方填埋形成的裸露土面产生的扬尘及施工作业、混凝土搅拌等产生的粉尘。这三部分是城市环境空气与郊外环境空气的主要区别。由于空气成分的不同，要求城市环境中植物对于各种废气（分有毒和无毒）、呼吸出的CO_2及扬尘的抗性能力（图4-11）。

三、人口

人口密集是城市最主要的特征之一，人类活动的频繁对于环境造成的影响很大。人类最基本的呼吸，使得城市空气温度升高，CO_2排放量增加，这也是城市热岛效应形成的主要原因之一。人类的行走、运动加剧了城市土地的硬化和贫瘠化，从而造成城市氧气含量降低，正离子增加，使得人类自身的生存环境恶化。城市中的植物正是改善城市空气质量的重要良方（图4-12）。

作业

1. 植物受哪些生态因子影响？

2. 如何采用生态手法进行植物设计？

3. 城市环境的种植条件除了自然的生态因子以外，还受哪些因素影响？

第五章

中国及国外古典园林植物造景

第一节　中国古典园林植物造景

一、植物赋予人的性格和寓意

中国传统园林对植物造景非常讲究，并将植物赋予人的性格，使景观更增添了生命力。比较著名的例子有：梅兰竹菊四君子，松竹梅岁寒三友。梅，象征不畏严寒纯洁坚贞的品质；兰，象征居静而芳高脱俗的典雅情操；竹，象征虚心有节清高雅洁的潇洒风尚；菊，象征不畏风霜活泼多姿的非凡大度；松，象征坚贞不屈万古长青的苍劲气概。另外还有：柳，象征自然灵动飘逸婀娜；枫，象征不畏艰难困苦，老而尤红；荷花，象征廉洁朴素，出淤泥而不染；迎春花，象征春回大地万物复苏。还有一些民间流传的比拟，紫薇、榉树象征高官厚禄；玉兰、牡丹象征玉堂富贵；石榴象征多子；海棠，为棠棣之华，象征兄弟和睦之意；萱草象征忘忧；桃花象征红颜薄命；桑梓象征故乡。在植物造景时常常考虑植物的寓意而用，因此植物品种的选择也因此多受到限制。

二、常以植物命名

古典园林中许多景点都是以植物来命名，如万壑松风、萍香三片、曲水荷香、绮玉轩、冷香亭、松鹤清樾、雪香云蔚亭、梧竹幽居等，可见植物在传统园林中的地位和重要作用。

三、造景手法

植物造景常常当作一幅画来构织，常常是一树一木一石一草就可成一景，简洁而寓意深刻。在皇家园林中，以宫殿建筑为主，力求山林气氛，多为松、柏类树种，古松、古柏苍劲挺拔，经风雪而不凋。在江南水乡园林中，则是粉墙黛瓦为背景，力求青翠淡雅，多为玉兰、竹、菊，也是传统国画的主要素材。在植物运用上有的突出枫杨，温彩流丹；有的突出梨树，轻纱素裹；有的突出古松，峰峦滴翠；有的突出垂柳，婀娜多姿（图5-1）。

四、植物的选择

中国古典园林擅长利用植物的形态和季相变化，表达作者的思想感情和形态意境，如"岁寒而知松柏之后凋"，表示坚贞不渝；"留得残荷听雨声"，表达一种凄寂；"雨打芭蕉"，表达雨夜寂静的气氛。"树繁碧玉叶，柯叠黄金丸"形容枇杷树的样子；"万绿丛中一点红，动人春色不宜多"形容石榴花的神态。树木的选择也有规律："庭院中无松，是无意画龙而不点睛"；"门前杉径深，屋后山色奇"是南方杉木种植特征描述；"槐荫当庭""院广梧桐"是常见的庭院植物种植特征（图5-1）。

五、诗情画意运用于植物中

图5-1 秋季金黄的色彩　　　　　　艺术是相通的，中国古典园林的造景手法与诗词歌赋、国画手法一致，追求完

图5-2 西湖万松岭

美，精雕细琢。而植物素材增强了园林景色画面的表现力和感染力。苏州拙政园"待霜亭"，待霜是霜降橘始红，亭旁植橘树；留园入口"古木交柯"，老槐树一株，虽干枯但却苍劲古拙；网师园"竹外一枝轩"，景窗外一枝秀竹斜置，清秀雅丽；"看松读画轩"前种植罗汉松、白皮松、古柏等，其中古柏为园中最古、最高的大树，树梢已枯，树干已空，藤缠于上依然苍翠。

承德避暑山庄的万壑松风位于宫殿东北部一组风格独特的建筑群，打破了传统宫殿建筑的格局。主殿万壑松风坐南朝北，面阔五间，据岗临湖，经松林绿荫下假山石蹬通向湖边，湖边原有一座玲珑小巧的八角晴碧亭。正殿左右和南部，活泼交错地布置着门殿、静佳室、鉴始斋、蓬阆咸映、颐和书屋等小型建筑，由矮墙和半封闭回廊相连，形成了既封闭又开敞的庭院，空间层次十分丰富。在参天古松的掩映下，壑虚风渡，松涛阵阵，犹如杭州西湖万松岭，形成一个极其寂静安谧的小环境，是批阅奏章、诵读古书的佳境，故其楹联题道："云卷千峰色，泉和万籁吟。"（图5-2）

杭州西湖十景之一曲院风荷，曲院原名麯院，位于金沙涧（西湖最大天然水源）流入西湖处，南宋时这里辟有宫廷酒坊，湖面种养荷花。夏日清风徐来，荷香与酒香四下飘逸，游人身心俱爽，不饮亦醉。南宋画家马远等品题西湖十景时，把这里也列为"十景之一"。后来院颓塘埋，其景遂废。

清康熙皇帝南巡杭州，题写西湖十景景名时，就把这个久废的旧景移至苏堤的跨虹桥畔，亲书"曲院风荷"四字，立碑建亭。苏州园林较为常见的画面：建筑的前庭、后院以及由廊道和墙所构成的小院，由于空间小，视距短，景物少，要求配置形态好、色香俱佳的花木来点缀，有时还配以玲珑剔透的湖石，以白墙为背景，形成各种画面。随着时间和季节的变化，在阳光的照射下，白墙上映出深浅不同的阴影，构成各种生动的图案，所谓"白墙为纸，山石植物为绘"的画境。或入口处框之，或游廊转折处角隅处置之，或窗外漏之。如：向外眺望的窗前多植枝叶扶疏的花木，在采光用的后窗外，为了遮蔽围墙，种植竹丛或其他花木。

"修篁弄影"，绿意满窗，给人以清新的感觉；走廊，过厅和花厅等处的空窗或漏窗是为了沟通内外，扩大空间，便于欣赏景物。所以窗外花木限于小枝横斜，一叶芭蕉，一枝红梅，半掩窗扉，若隐若现，富于画意。在较小庭院中，常用的还有海棠、南天竹、蜡梅、山茶等，单株与山石配；较大庭院内多选用玉兰、桂花、紫薇、梧桐、白皮松、罗汉松、黄杨、鸡爪槭等。为控制树形，不使枝叶破坏或遮挡画面，应常加以修剪，苏州的庭苑小景布局多为此模式，注重构图、色彩、质感、光影交织的画面效果（图5-3）。

图5-3 中国古典园林讲究建筑
内外虚实结合，园林植物高低错
落，配置于建筑前后，相互映景

第二节　西方古典园林植物造景

一、欧洲规则式园林的审美

以法国、意大利为代表的规则式园林被称为西方古典园林。以法国宫廷花园为代表的由建筑师、雕塑家和园林设计师创作出来的西方规则式古典园林，以几何体形的美学原则为基础，以"强迫自然去接受匀称的法则"为指导思想，追求一种纯净的、人工雕琢的盛装美（图5-4）。花园多采取几何对称的布局，有明确的贯穿整座园林的轴线与对称关系。水池、广场、树木、雕塑、建筑、道路等都在中轴上依次排列，在轴线高处的起点上常布置着体量高大、严谨对称的建筑物，建筑物控制着轴线，轴线控制着园林，因此建筑也就统率着花园，花园从属于建筑，西方古代建筑多以石料砌筑，墙壁较厚，窗洞较小，建筑的跨度受石料的限制而内部空间较小。拱券结构发展后，建筑空间得到了很大程度的解放，建造起了像罗马的万神庙等有内部空间层次的公共性建筑物，建筑的空间艺术有了很大的发展，但仍未突破厚重实体的外框。西方古典造型艺术强调"体积美"，建筑物的尺度、体量、形象并不去适应人们实际活动的需要，而着重在于强调建筑实体的气氛，其着眼点在于二维的立面与三维的形体，建筑与雕塑连为一体，追求一种雕塑性的美。其建筑艺术加工的重点也自然地集中到了目力所及的外表及装饰艺术上。

 西方规则式植物造景

二、将植物当作建筑材料运用

在园林布局上，黑格尔曾说："最彻底地运用建筑原则于园林艺术的是法国的园子，它们照例接近高大的宫殿，树木是栽成有规律的行列，形成林荫大道，修剪得很整齐，围墙也是用修剪整齐的篱笆造成的。这样就把大自然改造成为一座露天的广厦。"西方古典园林无论在情趣上还是构图上和古典建筑所遵循的都是同一个原则。园林设计把建筑设计的手法、原则从室内搬到室外，两者除组合要素不同外，并没有很大的差别。西方古典园林中的园林植物取法于西方古典建筑，它把各种不同功能用途的房间都集中在一幢砖石结构的建筑物内，所追求的是一种内部空间的构成美和外部形体的雕塑美。由于建筑体积庞大，因此很重视其立面实体的分划和处理，从而形成一整套立面构图的美学原则。在具象表达上经常把植物用来作为围墙等建筑材料来隔离空间，通过修剪植物进行各种雕塑造型（图5-5）。

图5-5 将植物材料当作雕塑材料

三、大块色彩构图

在多数宫廷园囿中，通过大色块进行规整构图。往往可以在制高点观赏到如植物地毯般的色块构图。这些色块可以是开花的草本植物，也可以是低矮耐修剪的灌木。常常把园囿当作一块画布，在其上进行雕刻花纹，通常采用的图案有吉祥龙卷纹理或者是规则的几何图形，色彩以绿色为底彩色为画进行绘制（图5-6）。

图5-6 吉祥纹理造景

四、几个典型欧洲国家植物景观特色

1. 意大利

意大利大部分地形为山地、丘陵，夏季谷地和平原闷热，而在山地凉爽；由于是罗马后裔，因此罗马的辉煌历历在目，继承罗马的园林景观，并加强之。园林形式结合台地地形设计为台地园，采用的植物多数为常绿植物，用于绿篱、绿丛植坛、整齐排树、背景林等造景形式，常用植物有丝杉、石松、月桂、黄杨、夹竹桃、冬青、紫杉、青栲、棕榈等。

在这里植物被当作建筑材料运用，植物造景从景观轴到园外由规则向自然过渡，构图讲究中轴对称、均衡稳定、主次分明、变化统一、比例协调、尺度适宜。柑橘园是意大利园中典型的园林群落（图5-7）。

2. 法国

法国地形为平原，土地肥沃，为植物生长提供了良好的基础。受意大利台地园影响，法国园林植物造景多数为修剪得很整齐的绿篱造型、小林园或丛林，花坛常采用刺绣花坛、组合花坛、分区花坛、柑橘花坛、水花坛等形式。植物选择上采用丰富的落叶乔木，有明显的四季变化；集中种植，形成茂密的丛林（图5-8）。

3. 英国

英国北部为山地和高原，南部为平原和丘陵，属于温带海洋性气候，有充沛的雨量、温和湿润的气候，适合植物生长。早期受意大利、法国造园影响较大，后来形成独特的自然式风景园林。其特色为缓坡牧场、孤立树、疏林草地，保留的规则式园林有几何造型、动物、建筑植物雕塑等（图5-9）。

图5-7

图5-8

图5-9

图5-7 意大利园林景观

图5-8 凡尔赛宫和修剪整齐的
绿篱墙

图5-9 英国缓坡疏林草地景观

第三节　日本古典园林植物造景

日本是自然环境得天独厚的岛国，气候温暖多雨，四季分明，森林茂密，丰富而秀美的自然景观，孕育了日本民族顺应自然、赞美自然的美学观，甚至连姓名也大多与自然有关。这种审美观奠定了日本民族精神的基础，从而使得在各种不同的作品中都能反映出返璞归真的自然观。日本园林以其清纯、自然的风格闻名于世，以"自然之中见人工"为设计手法。它着重体现和象征自然界的景观，避免人工斧凿的痕迹，创造出一种简朴、清宁的致美境界。在表现自然时，日本园林更注重对自然的提炼、浓缩，并创造出能使人入静入定、超凡脱俗的心灵感受，从而使日本园林具有耐看、耐品、值得细细体会的精巧细腻，含而不露，并具有突出的象征性，能引发观赏者对人生的思索和领悟。日本园林的精彩之处在于它的小巧而精致，枯寂而玄妙，抽象而深邃。大者不过一亩余，小者仅几平方米，日本园林就是用这种极少的构成要素达到极大的意韵效果。日本园林虽早期受中国园林的影响，但在长期的发展过程中已形成了自己的特色，尤其在小庭园方面。从种类而言，日本庭园一般可分为枯山水、池泉园、筑山庭、平庭、茶庭、露地、回游式、观赏式、坐观式、舟游式以及它们的组合等。

一、枯山水

又叫假山水，是日本特有的造园手法，系日本园林的精华。其本质意义是无水之庭，即在庭园内敷白砂，缀以石组或适量树木，因无山无水而得名。

造园艺术的"枯山水"是在室町时代禅宗精神广为传播之后，从禅宗冥想的精神中构思出来，在禅的"空寂"思想的激发下，而形成的一种最具象征性的庭院模式，表现"空相""无相"的境界。枯山水以石头、白砂、苔藓为主要材料。以砂代水，以石代山，用绵软的白砂和形状各异、大小不等的石头来突出大自然和生命的主体。

《造园记》中规定，在没有池子、没有用水的地方安置石子、白砂造成枯山水，所谓枯山水就是用石头、石子造成偏僻的山庄，缓慢起伏的山峦，或造成山中村落等形象。以白砂的不同波纹，通过人的联想、顿悟赋予景物以意义，它的美更多地需要靠禅宗冥想的精神构思，因而具有禅的简朴、枯高、自然、幽玄、脱俗等性格特征。

它不仅是一种表现艺术，更是一种象征的艺术和联想的艺术。如京都龙安寺，在无一树一草的庭园内，经过巧妙的构思，通过块石的排列组合，白沙的铺陈，加上苔藓的点缀，抽象化为海、岛、林，幻化出另一种境界，所以龙安寺也称"空庭"，使人从小空间进入大空间，由有限进入无限，达到一种"空寂"的情趣。枯山水中使用的石头，气势浑厚；象征水面的白砂常被耙成一道道曲线，好似万重波澜，块石根部，耙成环形，好似惊涛拍岸。如果点缀花木，也是偏爱矮株，尽量保持它们的自然形态，这种以凝思自然景观为主的审美方式，典型地表现了禅宗的美学观念，所造之境多供人们静观，为人们的冥想提供一个视觉场景，人们只能通过视线进入它的世界。

从这一点上来说，与中国古典园林可游、可居，更像是一幅立体的水墨画，是在三维空间中追求的二维效果相比，枯山水抽象、纯净的形式给人们留出无限遐想的空间。它貌似简单而意境深远，

图5-10
图5-11

图5-10 日本枯山水园林（一）
图5-11 日本枯山水园林（二）

耐人寻味，能于无形之处得山水之真趣，这正是禅宗思想在造园中的凝聚。池泉园是以池泉为中心的园林构成，体现日本园林的本质特征，即岛国的特征。园中以水池为中心，布置岛、瀑布、土山、溪流、桥、亭、榭等（图5-10、图5-11）。

二、筑山庭

筑山庭是在庭园内堆土筑成假山，缀以石组、树木、飞石、石灯笼的园林构成。一般要求有较大的规模，以表现开阔的河山，常利用自然地形加以人工美化，达到幽深丰富的景致。日本筑山庭中的园山在中国园林中被称为冈或阜，日本称为"筑山"

图5-12 日本筑山庭

（较大的冈阜）或"野筋"（坡度较缓的土丘或山腰）。日本庭院中一般有池泉，但不一定有筑山，即日本以池泉园为主，筑山庭为辅（图5-12）。

三、平庭

即在平坦的基地上进行规划和建设的园林，一般在平坦的园地上表现出一个山谷地带或原野的风景，用各种岩石、植物、石灯和溪流配置在一起，组成各种自然景色，多用草地、花坛等。根据庭内敷材不同而有芝庭、苔庭、砂庭、石庭等。平庭和筑山庭都有真、行、草三种格式。

四、茶庭

即茶室庭园，也叫露庭、露路，是把茶道融入园林之中，为进行茶道的礼仪而创造的一种园林形式。面积很小，可设在筑山庭和平庭之中，一般是在进入茶室前的一段空间里，布置各种景观。步石道路按一定的路线，经厕所、洗手钵最后到达目的地。

茶庭犹如中国园林的园中之园，但空间的变化没有中国园林层次丰富。其园林的气氛是以裸露的步石象征崎岖的山间石径，以地上的松叶暗示茂密森林，以蹲踞式的洗手钵象征圣洁泉水，以寺社的围墙、石灯笼来模仿古刹神社的肃穆清静。

其特色是讲求质朴自然。我到日本箱根时，需来到一处幽静的庭园，园中一间小巧玲珑的木屋，推窗望去，庭园中白砂摆成的小河，似潺潺流水；一丛丛圆锥形

图5-13 日本茶庭

的灌木，素雅的馨木，落叶苔藓，放置着一种叫"蹲踞"的石制"洁手钵"，是洗漱用的石盆，道旁伫立着花岗岩石雕品石灯笼，发出朦胧的灯光，整个茶庭典雅清新。

茶室简朴幽雅，入口是一方活动矮门，茶室四壁悬挂"松""竹""梅""龟"等名人字画，茶室中有陶制炭炉和茶壶，炉前放着饮茶用具（图5-13）。

五、回游式、观赏式、坐观式、舟游式

在大型庭园中，设有"回游式"的环池设路，或可兼作水面游览用的"回游兼舟游式"的环池设路等，它们一般是舟游、回游、坐观三种方式结合在一起，从而增加园林的趣味性。有别于中国园林的步移景随，日本园林是以静观为主。

3/4的日本园林都由植物、山石和水体构成。因此，从种植设计上，日本园林植物配置的一个突出特点是：同一园中的植物品种不多，常常是以一二种植物作为主景植物，再选用另一二种植物作为点景植物，层次清楚，形式简洁，但十分美观（图5-14）。

选材以常绿树木为主，花卉较少，且多有特别的含义，如松树代表长寿，樱花代表完美，鸢尾代表纯洁等。常用的植物还有杜鹃，作为修剪用植物，常常剪成平滑的曲面（图5-15）；地面常用青苔种植于石板路周围，营造清幽古朴的感觉。

图5—14
图5—15

图5-14 日本园林植物常用樱花
作为园林基调植物

图5-15 日本园林植物采用剪型
灌木作为装饰

作业

1. 中国古典园林植物设计都有哪些特点?
2. 西方古典园林植物设计都有哪些特点?
3. 日本古典园林植物设计都有哪些特点?

第六章
植物景观规划原理

第一节　符合自然生态条件需求

　　植物生长需要适宜的生态环境，包括对土壤、气候、水体环境、湿度、光照、风等综合的植物种植条件。只有适宜的生长条件才能孕育出茁壮的园林植物景观。综合植物种植条件，主要从乡土树种的运用、植物群落的构建以及合理保留规划场地的景观树种。

一、乡土树种运用

　　乡土树种是自然选择或社会历史选择的结果，是使生产者（绿色植物）、消费者（动物）、分解者（细菌、真菌）之间和生物与无机环境之间的相互作用使其关系达到良性循环的骨干。它们能与地方物种迅速建立食物链网关系，有效缓解病虫害，加强城市生态环境系统的稳定性和自我维持能力。另外，乡土树种苗源多、繁殖快、运输方便，而且能够反映地方特色，因此，应选择乡土树种作为城市绿化的基调树种。同时，根据物种多样性导致稳定性的原理，还应该适当选择那些经过驯化，证明已经能够适应本地条件的本地野生树种和外来树种，以丰富树种的多样性。所谓适地适树，也就是指根据气候、土壤等生境条件选择能够健壮生长的树种。乡土树种不仅要与周围的环境协调，做到优化环境。同时，具有适应该地区的土壤、气候条件，生长良好，抗病虫害等优点。

　　城市绿地系统规划中的树种规划，是园林绿地的构成要素，在城市园林化进程中，绿化树种规划起着重要的作用。其选择和规划依据是根据生态学原理，对城市绿

化树种做一个全面的、系统的安排，从发挥植物的光合效能、维持种群的稳定性、适应城市特殊的生态环境、保证物质循环和能量流动的正常运行方面来考虑植物的配置，按比例选择一批适合当地自然条件的植物。在环境保护和结合生产中功效良好，能较好地发挥园林绿化多种功能，反映生物多样性效应，反映该地方特色和历史文化传统的树种，从而确定了乡土树种在城市园林景观中的地位作用。乡土树种是经过长时间沉淀积累下来的适宜本土生长的植物种类，乡土树种是最能适合城市园林绿化的园林树木种类，利用乡土树种可以提高城市绿地苗木的成活率，更能体现城市乡土化景观。而且由于乡土树种运输费用低以及可以转种植费用，可以最经济地建设高档次园林景观。因此可以大量开发与栽培乔木、灌木及草本植物等乡土树种，用于该地区城市绿地建设（图6-1）。

乡土树种的培育主要有两种方式，一种是采用实生苗，另一种是采用嫁接的方式。通常利用野生乡土树种的种质资源进行实生苗培育；或者利用野生苗木为砧木进行繁殖，其方法包括扦插、枝接、芽接、叶插等方法。

二、营造植物多样性

1. 城市生物多样性建构

对于一个城市而言，城市生物多样性是城市生物间、生物与生境间、生态环境与人类间复杂关系的体现，是城市中自然生态环境系统的生态平衡状况的一个简明的科学概括。根据生态学上多样性导致稳定性的原理，城市生物群落及其多样性对于城市景观的长期稳定协调至关重要。其主要体现在城市生物的存在，丰富与充实了城市景观的生态学内涵，增加了城市景观的自然度；同时，生物多样性的丰富和异质性的增加使用城市生态系统的物质循环、能量流动的渠道和方式多样化、复杂化，从而使其抗干扰的能力增强。因此，城市生物多样性对于维持城市的可持续发展至关重要。

生物多样性的减少或者丧失主要有以下六个方面的原因：栖息地的丧失；栖息地景观的破碎化；外来物种的入侵和疾病的扩散；过度开发利用；气候的改变；水、空气和土壤的污染。其中，景观的破碎和分割是威胁生物多样性的最主要的因素。栖息地的丧失导致物种的直接灭绝，而栖息地的破碎使物种缺乏足够大的栖息和运动空间，并为外来物种的侵入创造条件。

广泛利用一切生物资源，使城市中的生物具有广泛的基因图谱，使城市成为生物多样性的保护中心和博物馆。城市中的生物，既有本土特色物种，又有引进的优良的外来物种及野生物种；既包括一切可供观赏的园林植物，又包括具有抗性特性的环境绿化植物；既包括单株或者某部位具有观赏价值的生物，又包括生物群落或具观赏价值的群体；既需要利用大量具有特殊性状的生物栽培品种，又需要不断培育新品种以保护和遗传野生生物的基因多样性。

在郊区通过建立自然保护区或者森林公园，来规划、重建和维护本地原生生态群落、次生生态群落，从而在城市外围形成多层次、规模型、复合型的稳定的绿地系统，为野生动物提供一个良好的栖息所和避难所，从而为昆虫、鸟类、小型兽类等的引入创造良好条件，使整个园林空间更加异质化，将极大丰富物种多样性。

根据城市和郊区不同的发展导向和环境的特点，可以确定其不同的保护目标。

城市中有许多综合类公园和专题公园、植物园，因此，在保护生物多样性方面的潜力和意义巨大。但同时城市中地少人多，空间非常有限，所以，应该将就地保护和迁地保护相结合，保护的对象应集中于大量的特色物种、珍稀濒危物种、古树名木以及观赏价值高的本地种或者引进种。郊区与城市相比，最大的优势在于其相对广阔的区域，因此，可以划定一定的地域作为自然保护区，以保护自然植物群落和生态系统为主，通过保护生境，进而保护生物，保护基因多样性。

尽管生物保护的景观规划途径有所不同，一些空间战略都被普遍认为是行之有效的。这些战略对克服上述人为干扰有积极作用。包括：建立绝对保护的栖息地核心区；建立缓冲区以减少外围人为活动对核心区的干扰；在栖息地之间建立廊道；增加景观异质性；在关键性部位引入或恢复乡土景观斑块。具体实施如下所述。

（1）在城市绿色大背景内建立生物多样性保护的核心区、缓冲区和边缘过渡区

在这些区域的某些地段划出禁游区，这一部分区域除管理人员和科研工作人员外禁止进入，使其成为生物多样性保护的核心区；在核心区的外围划定一定宽度的绿化过渡带，作为缓冲区，以保护核心区内的环境免受或者少受外界的干扰，从而维持核心区的生态相对稳定性和自然度，保证生物尤其是野生动物有一个安全的栖息、觅食、繁殖场所。另外，本地区还可以作为游览区，游人可以到达，但是，要限定在一定的数量范围之内；缓冲区的外缘即为规划的边缘区，这一部分将慢慢地成为向市区过渡的地带。

（2）在建成区各大公园绿地中建立小型斑块地

相对而言，小型斑块不利于林下种的生存，不利于物种多样性的保护，不能维持大型动物的延续，但是，小斑块可能成为某些物种逃避天敌的避难所，因为小斑块的资源有限，不足以吸引某些大型捕食动物，从而使某些小型物种幸免于难。同时由于面积小，可以出现在建成区景观中，具有跳板作用。

（3）在建成区的各大带状公园、道路绿地、防护绿带等区域建立生物保护廊道

城市中分散着大大小小的绿地斑块，相当于被城市基质包围着的孤岛，应该利用廊道，即各种各样的保护带和道路绿化带，把它们与城外的自然环境连接起来，栖息地斑块之间加强连通性，以形成城市大园林的有机网络，使城市成为一种开放空间。把自然引入城市之中，不但给生物提供了更多的栖息地和更大的生境面积，而且有利于城外自然环境中的野生动植物通过廊道向城区迁移。

为了保证廊道的生物迁移功能，廊道一定要保证适宜的宽度；在树种选择上，构成廊道的植被本身应是乡土植物；廊道的数量应该保证多于一条，因为多一条廊道就相当于为物种的空间运动多增加一个可选择的途径，为其安全增加一份保证。

2. 城市植物多样性建构法则

植物生态效益体现在绿量的积累以及植物种类的多样性。绿量的积累可以最大化地生产氧气，满足城市人口的呼吸需求以及城市耗氧因子的需求；植物种类的多样性，可以维持城市环境生态平衡。植物多样性的景观配置方式是将乔木、灌木、草本、藤本、水生植物多种类型植物综合配置在一起，使生态环境趋于多样平衡。在景观环境中创造多种生态环境，为植物材料创造不同的生存环境，适应阴性、中性、阳性，以及酸性、中性、碱性等不同环境的植物类型，创造生态环境多样化、景观多样化的植物群落景观。根据美学和生态学统一的原则，以乔木为骨架，以花卉为点缀，以草地为基调，以藤本为脉络，将乔木、灌木和草本植物相互合理地配置在一个群落中，构成一个稳定的、长期共存的复层混交植物群落，既能充分利用空间资源，又能形成优美的景观。以此提高环境多样性和园林的自然度，从而获得较高的生态效益。如今，许多科研单位从多种野生草本植物中培育出多种观赏植物，为植物多样性景观增添了许多素材，为更大的生态效益提供可能。目前有许多公园广场以及学校景观倡导野草之美，追求回归自然的原始景观状态（图6-2）。

三、合理保留场地原有树木

植物在移植过程中由于养分大量流失，在适应新的环境时导致生长停顿或缓慢，影响景致效果，尤其是大树移植耽误的时间会更长。所以，如果场地有现成的苗木，那将是创造景观的便利条件。在进行场地规划之前，可事先考虑现有的树木，作为下一步规划的基础。如在城郊进行别墅楼盘的开发，往往基地现状存在野生树苗，这时可考虑根据现状野生树苗所产生的景观效果，为别墅楼盘定位，如松涛雅苑、木樨香居、桦林轩舍等。用最经济的方式创造高品质景观。保留现有植被景观应处理好如何将野生的观赏景致较差的植被景观改造成观赏效果、生态效果、使用效果俱佳的植物群落景观。

例如位于昆明世博园北侧的世博生态城，坐拥世博园几万平方米的绿色空间，原来基地为一片桉树林的山林，杂草丛生。在改造过程中，采用了保留上层桉树林，林下地被根据景观效果进行了梳理：地被效果较好的进行保留或改良，而效果差的参考

原有的地被形态采用更换的办法，在后期的景观改造中还引进了部分外来地被植物，使世博生态城的地被植物多达几十种。为了不破坏这些原生植被，采用栈道的形式予以保护（图6-3、图6-4、表6-1）。

表6-1　　　　　　　昆明世博生态城在保留原有植被基础上新增的植被一览表

序号	名称	拉丁学名	科属	使用情况
1	肾蕨	*Nehprolepis cordifolia*	肾蕨科肾蕨属	原有，少量保留、坡面地被
2	迎春花	*Vasminum nudiflorum*	木樨科茉莉属	增加，修剪绿篱及地被
3	八角金盘	*Fatsia japonica*	五加科八角金盘属	增加，路侧地被
4	红花酢浆草	*Oxalis chassipes*	酢浆草科酢浆草属	增加，外沿地被
5	紫叶小檗	*Berberis thumbergii f·atropurea Rehol*	小檗科小檗属	增加，色叶剪型
6	春鹃	*Rhododendlon simsii*	杜鹃花科杜鹃花属	增加，剪型、观花
7	扁竹兰	*Iris confusa*	鸢尾科鸢尾属	增加，自然状态坡面地被，观花
8	花叶常春藤	*Hedera nepalersis cv.dicolor*	五加科常春藤属	增加，坡面地被、垂直绿化
9	洒金桃叶珊瑚	*Aucuba chinensis f·variegata*	山茱萸科桃叶珊瑚属	增加，地被、绿篱
10	常春藤	*Hedera nepalersis*	五加科常春藤属	增加，坡面地被、垂直绿化
11	十大功劳	*Mahonia fortunei car·rubrum*	小檗科十大功劳属	增加，自然状态地被
12	萼距花	*Cuphea ignea*	千屈莱科萼距花属	增加，自然状态地被、观花
13	鹅掌柴	*Schefflera actophylla*	五加科鹅掌柴属	增加，地被、绿篱
14	春羽	*Philoderdron selloum*	天南星科喜林芋属	增加，水边绿化
15	沿阶草	*Ophiopogon japonicus*	百合科沿阶草属	增加，自然状态坡面地被
16	红花桎木	*Lorpeta lum chinense*	金缕梅科桎木属	增加，绿篱
17	银边草	*Arrhenatherum elatius*	禾本科燕麦草属	增加，坡面地被
18	龟甲冬青	*Ilexcrenata cv.Convexa*	冬青科冬青属	增加，绿篱
19	华东山茶	*Camellia japonia*	山茶科山茶属	增加，绿篱、观花
20	芦苇	*Phragmites communis*	禾本科芦苇属	原有，路侧生态绿化
21	夏鹃	*Rhododerdron simsii*	杜鹃花科杜鹃花属	增加，绿篱、观花
22	大叶黄杨	*Euonymus japonicus*	卫矛科卫矛属	增加，绿篱
23	金边过路黄	*Lysimachia nummularia*	报春花科珍珠菜属	增加，外沿低矮地被、色叶地被
24	南天竹	*Nardina domestica*	小檗科南天竹属	增加，绿篱，点缀用地被
25	秋海棠	*Begonia evansiana*	秋海棠科秋海棠属	增加，外沿低矮地被，观花地被
26	火棘	*Pyracantha fortuneana*	蔷薇科火棘属	增加，绿篱、观果

第二节　符合场地功能需求

不同的景观场所有不同的使用需求，而作为景观主要元素的植物景观应符合场所的需求，顺应场所的特殊作用配置相应的品种和群落结构。一般根据使用强度，可以将场地景观分为高强度使用绿化空间、中强度使用绿化空间和低强度使用绿化空间。绿化空间的不同使用强度其种植形式不一样，种植强度及种植风格也不同。

一、高强度使用空间绿地设计形式

高强度使用绿地，一般人流量比较大，要求预留较多的集散空间，绿地所占比例相对较小。为了方便使用，需要提供更多的林荫，往往要求种植高大乔木，并采用花坛的形式，一方面可以为景观场地提供四季常新的色彩要素，另一方面环绕种植池布置花台将其设计成座椅的形式满足游客休息的需要。如商业步行街绿化广场，其公共环境应在保证人流畅通功能的同时，改善商业区生态环境。采用枝下高大于2m的彩叶树，矩阵布置成林荫广场，树干周围结合树根的保护配置休息座椅。这种方案可降低50%的灰尘和噪声，并可降低光污染，提高了商业区的景观视觉效果同时改善了使用功能（图6-5）。另外在一些居住区公共空间中为了凸显绿化品质，往往采用多种铺装组合的方式，将铺装作为景观设计的元素之一，植物则穿插其间形成色香形俱全的植物群落组景，满足居民行走集散需求的同时，创造精致的环境空间。

例如大连新市区居住区品质：环境多元化的风格济济一堂相得益彰。娇小玲珑的俊俏，恰与围合感极强的庭院空间相匹配，多种停留空间可加强邻里的交流，增进居住理念。植物配置：多种花灌木及地被物组合形成精致、赏心悦目的小尺度空间（图6-6）。

图6-5 高强度商业街使用空间绿化形式

图6-6 高强度居住区使用空间绿化形式

图6-5
——
图6-6

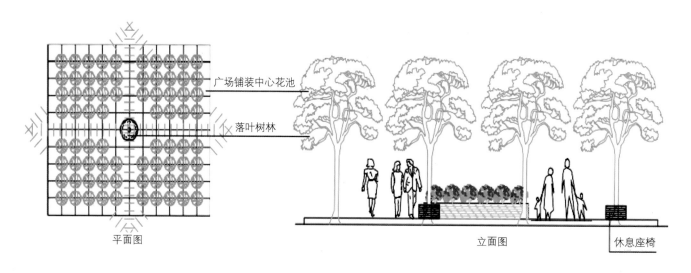

平面图　　　　　　　　　广场铺装中心花池　　　落叶树林　　　立面图　　　休息座椅

木栈板组合芳香花灌木组团

二、中强度使用空间绿地设计形式

中强度使用空间绿地往往具备极佳的植物群落背景，而行走集散空间则占较少的比例，只是穿插在绿地之间的观赏步道和很少的小型广场。植物配置形式多样，根据不同场地的特点采用不同设计形式。

如工厂防护林是工厂污染源的净化绿地结合厂区工人少量游憩设计的中强度使用空间，主要依靠气流的扩散和植物的吸附，因此绿化结构应是：靠污染源最近面采用草花、灌木、小乔木、乔木，使朝污染源面呈阶梯上升趋势。

这种配置方式可使接触污染源的面积最大化，从而最大程度地净化空气：可使灰尘降低75%、毒气流扩散度降低80%。在乔木林下还可结合休息设施设计成游园，既不影响空气的净化效益，还可为工厂职工提供较好的休息场所。采用多种植物配植成多样性景观组团，营造丰富多彩的景观效果（图6-7）。

路侧游园的横向用地紧张，人行道空气质量差且不易改善，景观和功能之间的矛盾突出，将城市人行道与路侧游园绿地结合，使绿地面积相对扩大，加强了防护功能的同时，强化了游园功能和景观功能。

结构上：临街面形成污染空气的防护墙，使游园处在静谧、安详、宜人的空间之中。植物景观采用乔灌木搭配的方式，形成一个防护面及内侧的幽静效果（图6-8）。

图6-7 中强度工厂防风林使用空间绿化形式

图6-8 中强度路侧绿地使用空间绿化形式

图6-7
———
图6-8

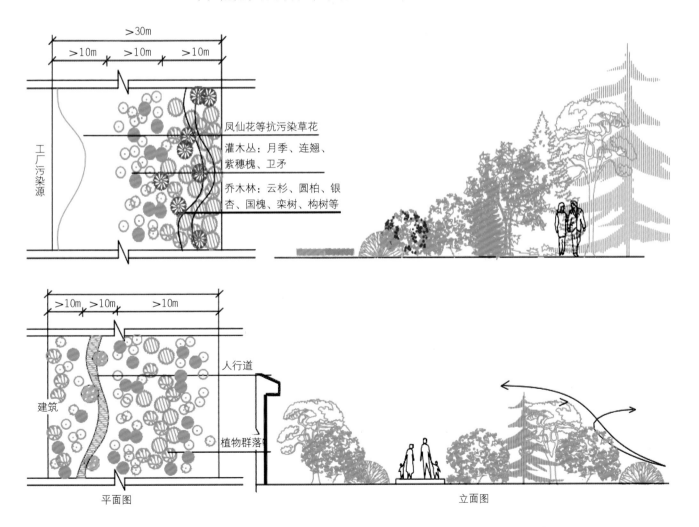

凤仙花等抗污染草花

灌木丛：月季、连翘、紫穗槐、卫矛

乔木林：云杉、圆柏、银杏、国槐、栾树、构树等

工厂污染源

建筑

人行道

植物群落

平面图　　　　　立面图

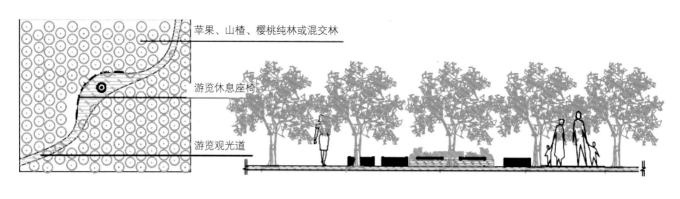

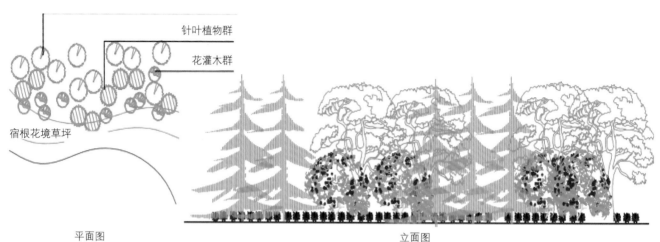

苹果、山楂、樱桃纯林或混交林

游览休息座椅

游览观光道

针叶植物群

花灌木群

宿根花境草坪

平面图

立面图

图6-9 中强度果园使用空间绿
化形式

图6-10 低强度防风林使用空间
绿化形式

图6-9
────
图6-10

经济林特点是纯林多，与市区景观相比异质性大，休闲观赏潜力大。具体做法是在果园开辟游路网，在不同的果园区间设置简易的游憩设施，使经济林带的景观指数增加，在提高果园经济效益的同时，带动旅游发展。城市居民在享受田园自然风光的同时也可亲身体验农事的乐趣（图6-9）。

三、低强度使用空间绿地设计形式

低强度使用空间的绿地往往以观赏或生态效益为主，植物群落景观要么是以观赏为主，运用浪漫手法的疏林草地景观和四季变化丰富又具有质感色感的植物群落；要么是突出强调植物多样性带来的生态平衡与稳定，以及和其他生物共生共存的生态效益。

如防风林的植物景观设计，根据气流流动特征，防风林的结构宜引导气流流向，从而分散风流，达到降风的效果，因此防风林迎风面的最前沿采用抗风灌木组团，依次采用小乔木、乔木，使迎风面呈阶梯上升。以植物乔灌比3：2；常绿和落叶比5：2这种配置方式，可使风速降低70%。

利用多种植物配置组团，营造饱和的景观效果，高低错落的乔灌木组合形成自然群落景象，美化城市外围绿带（图6-10）。

如居住区外围的风景林，运用浪漫的手法，与居住区公共空间的开阔相匹配。开朗的景致，让疲惫的身心得到抚慰，让惺忪的大脑焕然一新，体现着家的温馨。其景观结构为开阔平坦的视野，若实若虚的背景，近、中、远景明晰，视线层次明朗。植物配置原则：近景是大色块的草花带、中景是花灌木群落、远景是落叶和常绿乔木形成的背景屏障（图6-11）。

另外在许多城市生态廊道的植物景观设计中，重点突出小动物的庇护场所和生态效益极好的植物景观群落效果。生态廊道需具备流通性、阻滞性、过滤性。要求物种多样，群落丰富度大，生境多样。形成城市生物通行的庇护廊道，可阻滞污染进入，过滤空气。植物配置横剖面呈等边三角形，由草本植物、灌木、乔木呈阶梯上升。两侧观赏效果俱佳，植物群落美感突出，异质景观多样（图6-12）。

图6-11 低强度居住区风景林使用空间绿化形式

图6-12 低强度城市生态廊道使用空间绿化形式

图6-11
———
图6-12

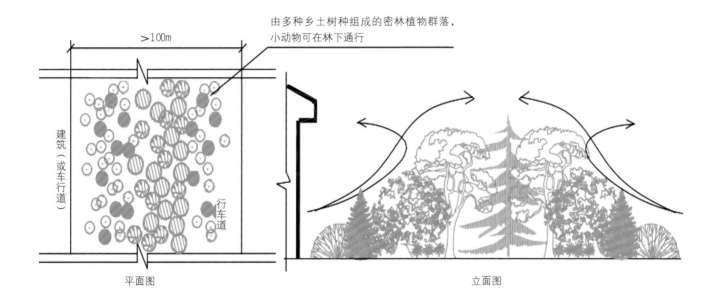

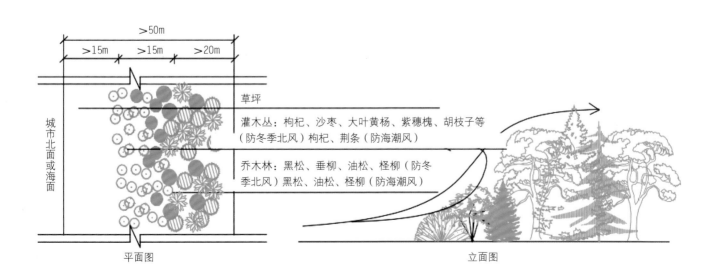

第三节　符合场地审美需求

一、营造地方植物特色

　　民族的才是世界的，乡土的才是最美的。营造乡土的植物景观才能真正意义上打造地方的景观风貌。营造地方植物特色不仅仅是简单地选择地方树种，还得向乡土的植物景观群落学习，学习其植物的生态搭配方式，色调的调和，质地的穿插，配以当地特有的自然条件及建筑营造质朴的风格，并通过本土的市花市树加以强化。城市园林是城市特色要素的重要组成部分之一，与建筑小品和生活服饰结合起来，起着烘托、活跃和丰富城市特色氛围的作用。一个好的城市，园林中必须有经过多重筛选并大量繁殖栽培的优势树种，形成代表各自地域的园林景观或风格，如广州的木棉、海南的椰子树、成都的木芙蓉、昆明的茶花等，无不具有鲜明的城市特色（图6-13）。

二、营造符合使用者审美情趣的植物景观

　　绿化结构配置的好坏直接影响到城市景观的效果。

　　植物配置的多样性，包括四季花卉的布局，常绿植物与落叶植物的合理配置，乔木、灌木、草本、藤本植物的有机结合，平面的与立体的装饰效果，总的说来，就是如何利用园林植物来达到城市的绿化、彩化、香化、美化，让人赏心悦目。

图6-13 热带地区标志性植物

1）"春花、夏荫、秋实、冬阳"，突出季相变化的原则。

利用植物不同的生长发育特性，强化景观的季节变化，突出季相景观特色，创造出春季繁花似锦，姿色绚丽；夏季绿意葱葱，浓荫蔽日；秋季硕果累累，万山红叶；冬季满目苍翠，枝间透阳的四季景观。

2）乔木为主，灌、藤、花、草适当搭配，错落有致。

三、顺应场地特征营造植物景观

1. 场地的生态环境差异

虽然同一个城市中大的环境都是一致的，但在不同的场地由于光照的不同、土壤的区别、水分多寡不一以及温度、空气质量不均匀等造成微气候（图6-14），导致在同一个城市中的生境区别，而产生不同的植物景观效果，如同样在昆明的法国梧桐，在拓东路人行道侧，秋天的叶子显得金黄灿烂，画面清爽，而在东二环上则色泽灰暗，画面脏乱。场地特征的区别在于朝向的不同、地形的不同、现有资源的不同（如是否有水源、是否有大树、土壤是否适合植栽等）。

在中国大部分地区太阳每日行走路线为从东升起、略微向南偏移，最后沉落于西方，因此，对于场地来说，其朝向就决定了日照的多寡。最佳的朝向应是坐北朝南，对于建筑环境来说坐向略微向西，以保证每个房间都能晒到太阳。因此，日照多寡的排列秩序为：坐北朝南、坐西北朝东南、坐东北朝西南、坐西向东、坐东向西、坐西南向东北、坐东南向西北、坐南朝北。因此应根据朝向选择喜阳性和阴性植物。另外根据城市的风向可以分为迎风面、背风面及顺风面，通常迎风面干燥，背风面湿润，顺风面处于中间位置，根据是否迎风可以确定场地的干湿程度，从而确定植物的耐湿性与耐旱性。而城市土壤每个地方酸碱性不一，也造成植物的酸碱性的不同选择。加上各地的附加资源不一样，也致使场地的微气候特征不一样。场地中如有地下水，则场地湿润；场地中如有野生植被，则土壤肥厚湿润等均是改变场地种植条件

图6-14 地形、朝向、地面资源不同造成微气候

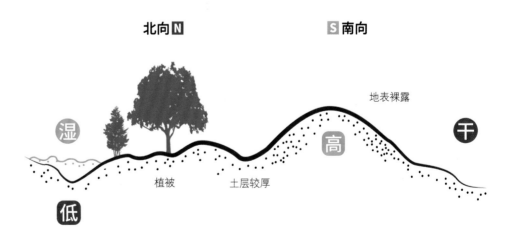

图6-15 迎风面和背风面微气候
的形成

图6-16 不同地面覆盖物微气候
形成

图6-15
―――――
图6-16

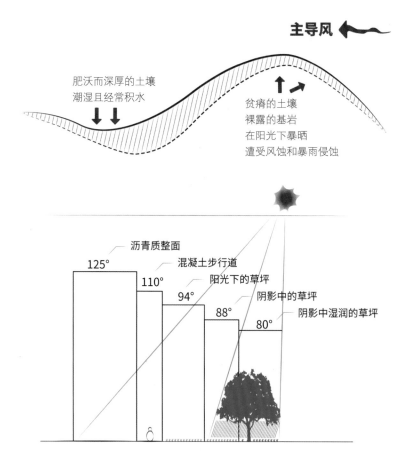

主导风

肥沃而深厚的土壤
潮湿且经常积水

贫瘠的土壤
裸露的基岩
在阳光下暴晒
遭受风蚀和暴雨侵蚀

125° 沥青质整面
110° 混凝土步行道
94° 阳光下的草坪
88° 阴影中的草坪
80° 阴影中湿润的草坪

的因素。城市中由于地面覆盖物及建筑等人工环境的不同，还会造成局部气温的差别（图6-15、图6-16）。

虽然有很多植物种类都适合于基地所在地区的气候条件，但是由于生长习性的差异，植物对光线、温度、水分和土壤等环境因子的要求不同，抵抗劣境的能力也不同，因此，应针对基地特定的土壤、小气候条件安排相适应的种类，做到适地适树。

1）对不同的立地光照条件应分别选择喜阴、半耐阴、喜阳等植物种类。喜阳植物宜种植在阳光充足的地方，如果是群体种植，应将喜阳的植物安排在上层，耐阴的植物宜种植在林内、林缘或树荫下、墙的北面。

2）多风的地区应选择深根性、生长快速的植物种类，并且在栽植后应立即加桩拉绳固定，风大的地方还可设立临时挡风墙。

3）在地形有利的地方或四周有遮挡并且小气候温和的地方可以种些稍不耐寒的种类，否则应选用在该地区最寒冷的气温条件下也能正常生长的植物种类。

4）受空气污染的基地应注意根据不同类型的污染，选用相应的抗污染种类，大多数针叶树和常绿树不抗污染，而落叶阔叶树的抗污染能力较强，臭椿、国槐、银杏等就属于抗污染能力较强的树种。

5）对不同pH值的土壤应选用相应的植物种类。大多数针叶树喜欢偏酸性的土壤（pH值3.7～5.5），大多数阔叶树较适应微酸性土壤（pH值5.5～6.9），大多数灌木能适应pH值为6.0～7.5的土壤，只有很少一部分植物耐盐碱，如乌桕、苦楝、泡桐、紫薇、柽柳、白蜡、刺槐、柳树等。当土壤其他条件合适时，植物可以适应更广范围pH值的土壤，例如桦木最佳的土壤pH值为5.0～6.7，但在排水较好的微碱性土壤中也能正常生长。大多数植物喜欢较肥沃的土壤，但是有些植物也能在瘠薄的土壤中正常生长，如黑松、白榆、女贞、小蜡、水杉、柳树、枫香、黄连木、紫穗槐、刺槐等。

6）低凹的湿地、水岸旁应选种一些耐水湿的植物，如水杉、池杉、落羽杉、垂柳等。

2. 场地精神特质差异

在进行景观植物配置时首先要了解该场所是用来干什么的，市政广场、居住区、道路厂区绿化等，因为不同绿地类型对植物景观的要求也不一样。对于市政广场，人流如织，代表着城市的展示形象，因此该类型的城市绿地在植物选择中往往是精挑细选一些造型漂亮、色彩醒目、并带有观花、果，闻其芬芳的附加观赏价值的一些植物，在满足提供林荫和观赏对象时也是重点考虑其遮阴效果、无毒、观赏性好等；而进行植物配置时也充分考虑人流走向，合理搭配植物观赏面，适当考虑生物多样性和保证生态效益平衡。对于居住区绿地，则根据居住区品位高低以及风格来确定不同类型的植物，如以水为线索的楼盘往往选择枝条柔美以及阳性、水生植物为骨干植物，在配置时应该注重水文化的提炼，突出湿地生态效果。如果以山为线索的楼盘往往突出其原始山地的粗犷或疏林草地缓坡地带特征，配置以质感浑厚、线条硬朗的乔木及色彩鲜艳的野生花卉，突出原野的生态美。对于街道绿化，植物类型则更加单一，要求具有干直、荫浓、结实、无毒等的植物，如香樟、法国梧桐、细叶榕、椰子树等。

第四节　符合历史文化需求

每个城市都有自己的历史，经年累月的洗礼与演变，积累了大量的文化内涵，这些内涵体现在城市的外表气质以及生活在这个城市空间的人类文化甚至是市民的生活习惯等方面。

世事变迁，随着城市的不断发展，虽然城市在成长历程中不断改变着自己的着装打扮，但终究不脱离自身的韵味，这种由内到外的韵味，让城市充满了魅力，吸引着四面八方的游客。

迄今，我国政府已将100座城市列为中国历史文化名城，并对它们进行了重点保护。这些城市，有的曾被各朝帝王选作都城；有的曾是当时的政治、经济重镇；有的曾是重大历史事件的发生地；有的因拥有珍贵的文物遗迹而享有盛名；有的则因出产精美的工艺品而著称于世。它们的留存，为今天的人们回顾中国历史打开了一个窗口。

根据《中华人民共和国文物保护法》，历史文化名城是指"保存文物特别丰富，具有重大历史文化价值和革命意义的城市"。中国的100座历史文化名城如下。

1982年，我国首批公布的24个历史文化名城有：北京、承德、大同、南京、苏州、扬州、杭州、泉州、景德镇、曲阜、洛阳、开封、江陵、长沙、绍兴、广州、桂林、成都、遵义、昆明、大理、拉萨、西安、延安；1986年，我国第二批公布的38个历史文化名城有：上海、天津、沈阳、武汉、南昌、重庆、保定、平遥、呼和浩特、镇江、常熟、徐州、淮安、宁波、歙县、寿县、亳州、福州、漳州、济南、安阳、南阳、商丘、襄樊、潮州、阆中、宜宾、自贡、镇远、丽江、日喀则、韩城、榆林、武威、张掖、敦煌、银川、喀什；1994年，我国第三批公布的37个历史文化名城有：正定、邯郸、新绛、代县、祁县、哈尔滨、吉林、集安、衢州、临海、长汀、赣州、青岛、聊城、邹城、临淄、郑州、浚县、随州、钟祥、岳阳、肇庆、佛山、梅州、海康、柳州、琼山、乐山、都江堰、泸州、建水、巍山、江孜、咸阳、汉中、天水、同仁；增补中国历史文化名城10处（2001—2007年）有：山海关区（秦皇岛）、凤凰县、濮阳、安庆、泰安、海口、金华、绩溪、吐鲁番、特克斯。

我国是一个历史悠久的文明古国，在这些历史文化名城的地面和地下，保存了大量历史文物与革命文物，体现了中华民族的悠久历史、光荣的革命传统与光辉灿烂的文化。做好这些历史文化名城的保护和管理工作，对建设社会主义精神文明和发展旅游事业都起着重要作用。

在这些历史文化名城中还保存了大量的植物资源，有历史悠久达千年的古树，记载着山雨风情与历史变迁。如在河南洛阳国家牡丹园凤丹牡丹林内的一株"千年牡丹王"花朵绽放，株高2.5m以上，花朵直径13～20cm，花期长达月余（图6-17）。

为了保护城市的历史文化以及强化其品位，城市的植物选择与景观设计应当作为一门课题进行研究。通过研究大量的历史文献确立城市植物景观设计模式，采用现代先进的技术手段以及多样的植物品种进行补充与完善。根据城市自身的特色选择与之相匹配的植物种类（主要考虑乡土树种），从宏观的角度进行景观控制（所谓基调树种与骨干树种），微观层面的植物景观可适当借鉴国内外先进配置手法达到景观效果

图6-17 闻名遐迩的洛阳牡丹

与生态效果的协调统一，不能失去城市自身的总体特色，既做到保持自身历史文化延续，又要用现代科学的手段和设计手法打造成与时俱进的绿色景观面貌。

第五节　符合经济节约需求

  城市的建设需要消耗大量的人力物力，城市绿色景观建设是城市建设的一个环节，能从这个环节上以节约型建设作为出发点，为城市建设省下大量的建设经费，并用于更多的建设环节中去，促进城市的健康良性建设循环，使之能花最少的钱办最多最好的事。经济节约的绿地建设在植物景观运用上考虑以下要点。

  1. 尽量以乡土树种为主

  因为乡土树种的种质资源就近取材，减少运输费用，并减少因移植外来树种造成的死亡率。

  2. 植物配置时尽量采用地被代替草坪

  从长期经营的角度来看，使用草坪将造成养护费用高居不下，因此设计过程尽量使用木质类地被，在入口以及形象展示区域采用一年生或多年生草本进行点缀（图6-18）。

图6-18 采用不同形态的灌木和石头作为地被景观

3. 植物配置考虑长期生态效益以乔灌草组合的方式配置

城市的发展趋势是越来越向绿色生态靠齐，与城市的发展方向的一致将使植物配置景观长存。在植物景观配置中，将乔木、灌木、藤本、草本等多种植物所具有的不同生态效益集中布置在一块将达到生态效果的最大化，从而形成局部群落的长期稳定，这种稳定所带来的生态效益是无法替代的。

4. 高标准艺术效果配置

在很多地方，植物景观配置品质不高，随着城市的发展，这些低品位的植物景观越来越不适应人们的观赏需求，推倒从来势在必行，这也造成了重复建设。一个经典的植物景观效果将是永恒的，以高标准的艺术水准进行设计将避免重复建设带来的经济浪费。

5. 选择高科技手段

社会的发展催生出大量的绿色生态产业，这些产业的出现促进了社会的绿色发展，比如大树移植过程采用现代技术的恢复营养液、树苗移植技术、培育技术等，为绿色事业注入了大量的新鲜血液，利用这些高科技手段进行移植培育，将使植物种植更加简单可行、成活率更高，减少以后的养护管理精力和费用（图6-19）。

作业

1. 植被设计时，哪些是合理的生态手段？
2. 匹配场地功能需求，有哪几种设计模型？
3. 植物设计应遵循哪些场地属性？

图6-19 大树移植时给大树"输液"

第七章

各种小环境植物景观设计

在植物景观设计过程中，往往会涉及与各种现有人工环境的协调搭配，以及空间设计，好的植物景观设计使人工环境在植物景观的映衬下更显柔和与风采。

在设计中，我们首先应该对该人工环境的条件进行考察分析，在适应这一条件的前提下，合理配置。在设计中，景观效果、技术问题以及施工难度是此环境设计的主要问题所在。

第一节　建筑外环境与植物景观设计

建筑外环境泛指由实体构件围合的室内空间之外的一切活动空间领域。几乎所有的建筑都和自然环境直接或间接相联系，尤其是在日益注重生态环境的今天，即使在建筑密度很大的城市中心商业区，也会见缝插针地考虑种植树木或设立花台。

在建筑外环境中进行植物种植，不仅加强了建筑本身的艺术美，让自然的绿色或秋天斑斓的色彩去削弱建筑中冷漠的人工色彩（平淡的暖色或生硬的冷色），植物柔美的姿态与丰富的色彩同样柔和了建筑冷硬的线条感，让人为的艺术和自然的巧作配合得天衣无缝。

同时，植物释放出的氧气和香味也改变了人口密集的建筑环境的空气，增加了清新感。建筑的外环境主要考虑以下几个场所要点：建筑出入口、窗下、基础、墙角、墙体以及过廊、屋顶花园、庭院等（图7-1）。

图7-1 植物景观柔化了建筑生
硬的棱角

一、建筑出入口植物景观设计

建筑的出入口是建筑的主要形象景观，通常要求标志明确、景观效果好、视线及采光、通风都俱佳。植物设计应顺应这样的要求，进行景观改良，使入口功能更加明确。建筑的出入口因性质、位置、大小、功能各不相同，在植物配置时应充分考虑各

图7-2 植物景观强化了建筑的
入口标志

相关因素，进而进行合理协调。

通常主入口比较大，处于显要位置，出入口人流量也较大，因此植物选择中应优先考虑株形优美、色彩鲜明、具有芬芳气息的类型，在植物配置时也要求简洁大方。

在一些大型公共建筑入口前最好还能制造出层次鲜明的造型，采用大型植物以及分层次的地被彩带；而在私人住宅入口则应营造出亲切宜人的小尺度空间（图7-2）。

次入口相对较小、处于不显眼的侧面，出入人流相对较少且固定。这样的出口往往是建筑附属功能的通道，如停车场、后勤地等，因此在植物选择中宜亲切精致，可以营造一些植物组团景观，以便近距离观赏（图7-3）。

图7-3 建筑入口的植物景观有
向入口倾斜的方向感

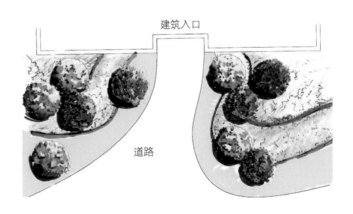

建筑入口

道路

二、建筑窗前植物景观设计

建筑的窗户主要起到采光、通风的作用，它是人们观赏屋外风景的一个主要视点，在进行植物设计时也应考虑这里的景观效果。很多人都有坐在窗前观赏窗外树影婆娑、聆听虫鸣鸟啼、闻到阵阵花香的体验。这种自然之形、天籁之音能激发出人的幻想和美好情绪，往往也可以使人紧张的情绪得到缓解，令迟钝的思维得到开发，让痛苦的经历得以忘却，从而使一切烦恼在这花鸟丛林中慢慢消散。这是我们设计的源泉，顺应人们对美好生活的向往。总体来说，窗前植物选择要求株形优美多姿、四季变化丰富、能吸引小鸟、最好具有香味的植物类型，如桂花、黄角兰等。在种植设计时，应考虑植株和窗户高矮、大小，计算窗户间的距离，选择大小适宜的植物。注意最低层建筑窗户的高矮和大小，选择的植株一定要低于窗台或略高一点，但不能过高，以免遮挡观者视线，同时有碍采光。建筑窗前的植物选择还要注意窗户的朝向。如果该建筑窗户东西朝向，则植物最好选择落叶树种，以保证夏日的树荫和冬日的阳光；如是南北朝向的建筑就可以没有这种限制，因为太阳升落方向和窗户方向几乎平行或呈小角度。但是大部分建筑并非完全和太阳升落方向是平行或垂直的，因此其窗户和太阳的照射方向总有一定的角度，这就是说，人们都可能遭受夏日的烈晒和冬日的荫蔽。那么在这样的建筑形式下，窗户前的植物设计可归纳为均可采用常绿树种，而为了保证光线和通风，要求植物与建筑之间保持一定的距离（一般为3m以上）（图7-4、图7-5）。

三、建筑墙基植物景观设计

建筑墙基是建筑的基础部分，这部分建筑形态在建筑结构中起着支持墙体的作用，是整个建筑的承载部分。在外形上表现为比墙体宽，而且采用和墙体不同的装饰材料，常见的有砖饰、自然石材，在现代钢筋混凝土时代，建筑墙基的装饰材料更加广泛，出现了种类繁多的人工石材、钢材等不同的装饰形式。建筑墙基是建筑体这一人工产物和大地直接接触的形式，涉及与自然景观自然协调和技术处理的问题，建筑墙基植物设计就是缓解建筑生硬的边界，以及向自然和谐过渡的重要手段。

在植物设计中，把握好在不破坏建筑墙基以致造成房屋坍塌的原则上，尽量通过植物这一柔美的材料将建筑这个人工产物和自然完美融合在一起。配合建筑墙基所用的材料，通过它的色彩、质感的趋向性选择恰当的植物，如建筑墙基的色彩浓艳、质地粗糙，那么植物选择应以纯净的绿色为主，质地轻柔，形成对比和谐统一；如果建筑墙基为灰色调、质地中性，所选择的植物范围就较宽，既可是彩色植物也可是净色植物，质地要求也不严格。植物的选择更多的依据建筑的性质，比如纪念性建筑就应选择庄重的树种。

以上的归纳是按常规的配置原则设计的，在很多场所中，可能建筑性质和建筑基础的色调有些冲突，这时选择保守些的植物不会出错，但要设计得有个性可能还得需

图7-4 窗前的植物配置注意虚实处理，婆娑的枝叶增添了景窗的生机与层次

图7-5 建筑窗前绿化要考虑视线及基础保护问题

图7-4
———
图7-5

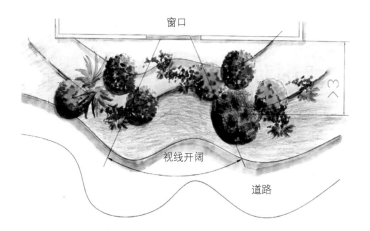

图7-6 墙基的植物选用一定是浅根性的，同时注意层次的运用，从路边向建筑望去，由低到高的层次错落有致

要些斟酌。在墙基保护方面，要求在墙基3m以内不种植深根性乔木或灌木，在这个范围以内应种植根较浅的草本或灌木（图7-6～图7-10）。

四、建筑墙角植物景观设计

建筑的墙角棱角分明，看起来十分坚硬而不近人情。墙角的观赏面往往呈一定的角度，多数是以90°为主，也有呈锐角和钝角的。这样在植物设计时按照观赏角度呈扇形展开，由墙角到外侧，由高到低逐步展开，犹如盆景的设计（图7-7）。

如呈锐角视线范围小，空间狭窄，这样的角落主要是为了起装饰墙体的作用，选用的植物不必太复杂，观赏距离不必太大，层次也可简单些，往往选用一些浅根性的大型植株作为装饰墙体内侧的植物（如竹子、芭蕉、棕榈等植物），外侧采用花灌木或观赏草作为第二个层次，将人的视线完全吸引到茂密的植物景观中，而忽略这里是墙角。

如呈钝角视线范围大，空间宽阔，这样的角落可以当作单面盆景来设计，选用的植物可以复杂些，观赏距离也可远一些。这样层次鲜明丰富，根据视距大小可以分为三个，甚至四个至五个。同样由于靠墙基的原因内侧选用一些浅根的大型植株作为墙体装饰，然后配以开花小乔木或大灌木点缀（如海棠、桃李杏等植物），外侧采用花灌木或观赏草作为第三个层次（如绣球花、栀子、八角金盘、海芋等植物），如果视距允许的话，可采用植株矮小的观赏花卉或更低矮的草坪（如三色堇、孔雀草、石竹等植物），中间点缀小雕塑或置石。植物茂盛而富有层次，景致细腻幽雅。直角按照视距的大小类似于钝角或锐角的设计方法（图7-8）。

浅根性植物

由低到高的层次

道路

图7-7 从路侧到墙角植物成序列推进

图7-8 | 图7-9

图7-8 墙角的植物配置可运用地形和植物的高矮营造丰富的层次递进关系

图7-9 采用攀缘植物进行墙体绿化，让墙体色彩更加丰富

五、建筑墙体植物景观设计

墙体是建筑的主要内容，也是和室外空间接触最多的面。墙体的绿化主要采用藤本植物和盆栽或者人造花进行装饰，它不仅可以改善墙体的外观，同时还可以改善墙体的冷热程度。因此，墙体绿化主要考虑墙体的自身美感和朝向。

如果墙体自身的美感很强，那么墙体绿化只是适当地点缀一下。墙体如没什么美感可言，那么墙体绿化可以起到很好的装饰作用，比如可以大面积地进行藤本覆盖，或者结合墙体涂料采用塑料花装饰（在城市美化活动中，一些重要的街区常常用此方法装饰老建筑）。

重要的细节就是需要评估该墙体的美感程度或美的趋势（古典的、现代的、中性的），以及美的组成要素（色彩美、质地美、造型美），利用所评估的结论进行恰当的改造。

要注意墙体绿化可能会带来的隐患，比如由于藤本植物的枯萎而造成的墙体污染，或是盆栽过程换土引来的墙体脏、坏，因此在管理方面需及时修正。

在进行绿化时还得考虑墙体的朝向问题，墙体的朝向意味着墙体接受阳光照射的强度，意味着所选择植物的阴阳性取向不同以及常绿或落叶树种的确定。

如果是南北朝向可以选择常绿植物，因为太阳的照射对其墙体冷暖程度影响不大，而处于东西方向的墙体则可选择落叶的植物，保证墙体的冬暖夏凉。

墙体绿化有点播、线播和盆栽三种形式。采用点播往往依靠柱体，藤本植物可以顺势攀缘而上；采用线播往往是沿着墙基直线种植，藤本植物可以沿着整个墙面覆盖，形成绿色墙面；采用盆栽，如果是当街面则可统一容器的形式、植栽的内容，进行统一规划（图7-9）。

六、建筑过廊植物景观设计

过廊是在建筑体之间相连接的部分采用封闭或半封闭的带状建筑体。过廊如果是封闭的，涉及不到内外渗透的问题，其设计方式同建筑体本身。如果是半封闭甚至开敞的形式，那么设计考虑到内外视线的交融，情况相对较为复杂。由于受到其廊顶部以及廊柱的限制，视线范围受限，其观赏的景色在高度上受到限制。过高过近视线展不开会感觉压抑局促，当然要故意造成这种欲扬先抑的效果则另当别论，因此大部分的设计应在一定距离、一定植物高度范围以内展开。而对于外部的视线则是开敞的，其过廊的外部景观是这个植物景观构图的主要内容，在视线上的影响是呈横向展开，可能会中断过廊左右的景致。因此过廊两边的联系要素采用超过过廊本身高度的植物，这种植物要素在过廊两侧遥相呼应是整个庭园统一的关键。设计应考虑过廊及其周边建筑的特点，配以符合其特征的植物景观。这里过廊两侧的植物景观搭配可以合理运用廊柱和屋顶构成的景框，以此景框为画框来构图，逐步展开一系列的画卷（图7-10）。如果是半封闭的廊，其植物景观在若隐若现的画幕中更加别致多姿。

在植物配置中，以图7-11为例，垂直方向从过廊中心的视线开始一直到最高的那棵树的距离B和视角A成反比，和最高树的高度C成正比；水平方向从过廊中心的视线开始一直到最高的那棵树的距离B1和视角A1成正比。

七、屋顶花园植物景观设计

屋顶花园（rooftop garden，roof garden，green roof）顾名思义是建筑屋顶的园林景观，主要以植物种植为主。屋顶花园涉及的内容较多，不但可以单独当作一块独立的场地进行设计，要求功能相对完整，而且其中所涉及的技术问题也较复杂。比起地面上的园林景观来说，更多地要考虑可行性问题。这部分的详细设计内容参考有关屋顶花园设计的规范和专集。

在生态问题日益严重、人们审美品位日益提高的今天，屋顶花园受到越来越多人的关注和爱好，也是城市计划中的一项重要工程。屋顶花园不仅可以改善使用环境的

图7-10 过廊外的植物配置或近或远虚实得当

图7-11 过廊植物配置距离与视角的关系

图7-10 | 图7-11

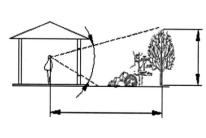
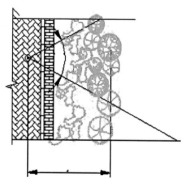

图7-12 屋顶花园考虑结构承重，合理布置景观要素

空气质量、增添使用情趣，而且还可以在更大的城市范围内净化空气、美化城市，减轻由于城市高密度建设带来的绿化空间不足的问题。另外屋顶绿化还可以改善屋顶性能，通过植被可以保护建筑屋顶的防水层和隔热层，从而起到冬暖夏凉的作用，还可延长屋顶的寿命。

屋顶花园最大的限制因素是承重和防水问题，保证了这两个问题，屋顶花园植物的选择是比较多样的。由于承重有限，因此尽量限制屋顶附加物的重量，主要附加重量包括土壤和植物的净重（产生静荷载），另外考虑人活动所产生的活荷载以及附属的基础层。那么要控制主要的静荷载则要通过减轻土壤的厚度。屋顶花园的环境特征是风大、土壤薄、阳光照射时间长、水分蒸发快等，因而植物选择上保证易成活、根浅、低矮、阳性的特点，在这样的条件下植物配置可以大胆发挥，根据使用者的使用和审美要求，进行配置。屋顶花园是室内活动空间的一个延伸，在满足主人或使用者的活动空间的前提下配置，植物景观往往更多的是处于边角位置，如果屋顶花园面积大，服务功能也较齐全，那么设计时按照一般的小游园规划即可。

为了掩饰墙角等生硬的障碍，往往在沿墙体周围种植枝叶茂盛的常绿植物，同时要求浅根性以免破坏防水层和墙体满足浅土的生长条件，这样的植物有芭蕉（植株较高酌情考虑）、竹子等，在其下面可以配置海芋、朱蕉、龟背竹等枝叶繁茂的多年生草本植物。通过这种视线阻挡的处理办法，让这个花园成为真正的世外桃源，如果想俯瞰城市景观则可事先预留好观景点，设计一两个观景平台。花园内部的设计辅助活动功能，配合活动设施（棋牌、秋千架、休息、游泳）合理安排。屋顶花园的植物设计是在有限的条件下尽量营造和地面上类似的植物景观，这样要求对植物的特征及其生长习性要非常地了解，尽量采用浅根植物。如果想营造庭荫效果，可采用高大的芭蕉或在承重柱上种植高大的乔木。较大的屋顶花园还可以设置不同的区域，满足不同的功能景观效果（图7-12）。

八、建筑庭院植物景观设计

庭院植物景观设计是高尚生活品质的一个表征，现在很多楼盘都会在低层附加一个庭院，这个庭院面积一般在整个面积的1/5以下。庭院往往有前庭和后庭，前庭主要展现主人品位，也是这个房屋建筑的个性化体现，而后庭主要是主人私生活的一个延伸地，这个庭院要配合屋内的使用情况合理展开。由于面积很小，所要展开的内容不能过于繁杂，因此植物选择上尽量体量小一些，数量也不宜太多。可选择一些耐看而细致的植物，或者香型植物点缀，如栀子花、山茶、杜鹃、绣球花等。前庭主要是景观的展示，观赏面既要考虑朝外也要考虑从道路上往里看，朝外看主要是考虑站在窗户的角度，可在窗户边上种植四季桂等香花小乔木，然后在其外种植花灌木，并将阳光引入室内。在道路上往内看，屋内的景观若隐若现，庭院的植物恰到好处地装点着建筑环境，时时还有芳香从建筑物方向飘来。后庭院景观设计主要考虑使用上的方便兼顾隐私作用，因此沿着围墙周围可以种植一些遮挡视线又比较薄的植物，同时兼顾观赏效果，常用的植物有竹子、木槿，在靠外侧可种植一株小乔木为庭院提供树荫，最好选用落叶树，保证冬暖夏凉。然后留出一块空地供家人一起共进晚餐，营造惬意的室外空间，如果面积允许还可以点缀一些多年生草花（图7-13）。

图7-13 庭院里通过高低错落的植物隔离出不同的空间，由于花园相对较小，采用的植物多以灌木和花卉、藤本、草坪为主，品种丰富，形成尺度适宜的色彩空间，乔木点缀几棵即可，提供树荫

第二节　园林小品与植物景观设计

　　园林小品在园林景观中起着点睛的作用，园林小品从功能上分大致包括装饰性和实用性两个方面。装饰性园林小品包括雕塑、壁雕，实用性园林小品包括休息用的桌椅、垃圾桶、园灯、指示牌、遮阳伞等。

　　装饰性小品在园林景观中占重要的地位，常常配合植物景观起到点题的作用，因此这部分小品的主要观赏面不应被遮挡，周围点缀的植物只能起装饰和突出小品的作用。装饰性小品根据其造型特点、色彩所表达的主题来选择与之配置的植物类型（图7-14）。实用性的园林小品与园林主题没有多大的关系，但是缺了它们园林就会欠缺，它们一般在园林道路边成规律分布，这部分园林小品在不影响其功能使用的前提下植物配置可以比较随意。

　　园桌椅往往布置在树荫下或空旷场地，要求有遮阴的树冠、枝下高不得低于2m，

图7-14 雕塑与背景植物相映成趣

椅子背后有1m以上的植物作为背景，这样不会有从后边经过的人打扰，休息的人会觉得安全。休息场所最好有植物的清香可以加强休息的舒适感，休息椅子的对面有可观赏的景物。可以布置一些花卉植物延长休息椅子的使用时间，反之，在人流量较大的街心花园也可以用于限制行人停留时间过长。

而对于垃圾桶的植物配置，则是强调其露与显的状态，垃圾桶往往和休息椅子配套设计，因为人在休息时产生的垃圾会增加，垃圾桶的位置既要明显又不能太显眼，为了解决这一矛盾，垃圾桶外观的改善也是其中一个方向，而通过植物的掩饰可以弱化其暴露度。

园灯按照照射特征可以分为地射灯、草坪灯、园灯和高杆投射灯。地射灯除了在铺装地上的形式以外，还有专门用来投射景物的，如某棵造景树，那么就要求处于草坪中的投射灯不能被地上的植物遮挡住，因此在周围一定范围内不能种植50cm以上的地被植物。草坪灯一般高60～100cm不等，刚好可以露出地被植物之上，草坪灯离视线范围远的一侧可以采用花灌木进行点缀，而靠近行人行走方向植物则不能高于草坪灯的高度。

园灯的高度在2～4m不等，由于园灯从地面到灯的位置较大，如果其下空洞无物，景观显得单调，最好在其下种植花灌木或低矮稀疏的乔木，这样路灯投过斑驳的树影会更添一份别致。高杆投射灯与植物几乎没有太大的关系，只是有些高大乔木可能会与之产生冲突，遇到这种问题时一是在未种植以前注意高大乔木和灯柱之间的距离，二是梳理植物的枝叶不影响灯具的照射功能。

指示牌多数在园区的出入口或重要转折点处，是为了展示园林景点和路线的内容或给游人指引方向。指示牌由牌子和支撑柱组成，牌子上显示的内容是主要的功能，而支撑柱是辅助功能，显示内容必须清晰明了地展现在行人面前，而支撑柱是可以掩饰的，因此指示牌往往在其下可以采用花灌木进行装饰，而背后可以采用纯净色植物进行突出主题。尤其在主出入口位置，指示牌的装饰作用非常重要，因为这也是展示景观的一个要点，常见的处理是在牌子下采用盆栽植物进行季节性更换，其柱子也使用藤本植物进行装饰。其他设施的植物配置类似。

第三节　人工水体与植物景观设计

水是园林中最具灵性的要素，水的姿态因地形的不同千变万化，"水，活物也，其形欲深静、欲柔华、欲肥腻、欲喷薄、欲激射、欲多泉、欲远流、欲瀑布插天、欲溅扑入池、欲渔钓怡怡、欲草木欣欣、欲挟烟而秀媚、欲照溪谷而光辉，此水活体也。"城市景观中的人工水体模拟自然界的水体形态跌宕生姿，或以声夺人或以形取胜（图7-15）。随着城市的发展，自然要素越来越匮乏，水作为人类生存之本越来越受到关注，从城市开发的楼盘景观就可以看出，推出的水体景观日益丰富，从依借自然水体做文章到自然水体匮乏后人工水体的大量呈现，从小面积水体景观到整个楼盘环绕水体展开，从局部池塘水景到营造大型湿地景观……可见水景在人们心目中的重要位置，而水景中植物与水的搭配是使水景呈现真正自然界水体面貌的关键要素。

淡蓝色的水体是一切植物造景的底色，配以绿色则清凉透底、配以艳丽的色彩则妖娆瑰丽。不管是什么水体，在植物绚烂多彩的映衬下都会愈显多姿（图7-16）。自然界的水体景观是城市景观设计的模型，通过对大自然水体景观的观察与学习将水体归纳为：面状水体、带状水体、点状水体

图7-15 自然界中灵动的水体

图7-16 平静的湖泊

图7-15 | 图7-16

以及综合状态的生态湿地。人工水体就是依照这些水体面貌根据场地需要展开规划与设计：或面状如湖镜，或线状如飘带，或点状如明珠，抑或什么都有，但更加追求水体生态效益与景观的结合。如同自然界的水体，人工面状水体也包括湖泊、池塘，带状水体包括河流、溪流、水涧、瀑布、叠水，点状水体包括水潭、喷泉。

一、水生植物类型

水生植物是指具有一定观赏价值，并经过栽培和养护的耐水湿的植物。从低等植物到高等植物都有，涉及植物种类繁多。目前分布于世界各地的水生植物有上千种，根据各自的生活习性，在淡水中生长的水生植物可分为浮水、浮叶、挺水、沉水四类，生长在海水中的水生植物叫海生类。淡水植物中一般整个植株浮生于水面者为浮水植物；根部生于泥中，只有叶片浮于水上者为浮叶植物；根部生于泥中，但叶片叶梗挺出水面者为挺水植物；整个植株都生活于水中，只有在花期时将花及少部分茎叶伸出水面者为沉水植物，也称观赏水草。还有生于海水中，并达到海滩上的海生植物，也称红树林（图7-17）。

图7-17 不同类型湿地植物在湿地环境中景观

| 浮游水生植物 | 浮叶水生植物 | 漂浮水生植物 | 沉水植物 | 挺水植物 |

随着人居环境日益恶劣，城市的生态遭到严峻考验，作为云集生物量最丰富的生态系统之一的湿地环境受到环境工作者的日益关注。城市中出现了越来越多的湿地公园，而湿地公园的建设依赖于水生植物的营造，因而对于水生植物的审美及其生态习性的了解就非常重要。水生植物进行配置之前首先要了解湿地环境，根据湿地环境的土壤、空气、水分、温度、光照等因子的现状，结合不同类型的水生植物进行分配，在考虑生态环境的营造同时注意艺术的搭配，使湿地环境因地适景、四季有景，营造丰富的水生植物景观，同时这样的植物景观又会为水生动物及鸟类营造适宜生存繁衍的环境，形成丰富而完整的生态系统。

1. 浮水植物

（1）浮水植物特性

浮水植物具有繁殖快、生长迅速的特点。在园林水景中，是不可多得的造景材料。浮水植物多用于湖面、小池塘、水缸中。由于浮水植物繁殖较快常常采用竹框、绳子等设施进行限制，控制其发展范围。浮水植物用在大面积水面时可以成片种植，而在小型池塘中宜和其他水生植物共同营造宁静的小环境水生景观。

（2）浮叶植物配置原理

浮叶植物是水生植物的主要内容之一，也是湿地公园造景的主要元素之一，其中很多都是观花植物，为水景增添了不少色彩和情趣，那浮在水面的花朵娇艳欲滴，在翠绿叶片的映衬下更显娇姿。浮叶植物用在大面积水面时可以成片种植或成丛种植，在小型池塘中宜和挺水植物共同营造层次丰富的小环境水生景观，还可以在水钵中点放一两株为建筑环境增添了一丝禅意或宁静的安详，那幽静的芬芳就在这水环境间、在绿盘之上悄悄蔓延，让人的思绪就这样随之徜徉。

2. 挺水植物

（1）挺水植物生长特性

挺水植物是水生植物的主要内容之一，占据着水面、水岸各个植物配置要点，在水景的塑造中起着不可忽视的作用。从深水区到水岸，生态环境逐渐改变，顺应这个环境的变化，从出淤泥而不染的荷花到清秀可人的鸢尾，不同类型的挺水植物扮演着各自的角色。挺水植物种类繁多，单荷花就有多300个品种，让不同的水面都能尽显自己的个性。挺水植物如今广泛用于河道、湖泊、池塘、溪流沿岸及水中，从深水、浅水、水边、水岸不同层次逐渐展开，再配以置石形成虽由人做宛自天开的景象。

（2）挺水植物配置原理

适地适草，考察场地的气候、土壤特征、水质、水深浅，选择适合当地的水生植物，根据水环境的具体情况再次选择具体的植物；符合场所性质要求，在选择的植物中根据场所要求（追求生态效果、追求观赏效果）进行配置，如主要强调其生态效果，那么尽可能多地将植物种植其上，体现植物多样性，为引进水生动物做好准备；如重点突出观赏性，那么应将所选择的植物依色彩、株形（形态、高矮）、质感等进行分类，按照植物的层次搭配好后进行色彩配置。符合功能要求，场所的功能决定植物的类别和配置的形式。如果要求可进入观赏，那么重点考虑好管理、适合近距离观赏的植物类型；配置时注重大片色彩和局部色彩的配置，注重近距离质感的观赏。如果要求不可进入观赏，则应重点突出成片色彩的配置，强调和周围环境的搭配。后期养护管理便捷，这是关键因素，任何设计成果得以实施和延续必须考虑这一要点。

二、湿地环境植物景观配置

城市环境中的湿地环境包括带状和面状两种，带状水环境分别表现在河道、溪流、瀑布的水流景观；面状水环境总体来说体现在湖泊、池塘、水潭。带状水环境的植物景观配置，突出特点为沿着河岸呈序列展开，结合水生态环境或以审美特征展开都能合理地延续。城市中河道湿地景观的设计应注意断面的演替和沿河序列的展开。考虑到河道一年四季水位又呈规律变化，因而在设计中常常把这些变化进行归类后形成枯水位、常水位、丰水位和50年一遇洪水位、100年一遇洪水位等。根据水位变化将植物配置分层设计，可以使河道时时有景又可避免由水位变化而引起的植物损害，从而避免经济损失。

具体做法是，在枯水位种植耐淹的水生植物；在常水位种植耐湿的湿生植物；在丰水位可种植旱湿均可的植物。城市公园中的溪流是城市带状水环境景观的典型类型之一，溪流不仅有流动的姿态美，其潺潺流水的声音以及击石的敲打声可让人的心灵得到慰藉。溪流边的植物在水流的冲击下摇曳生姿，这种舞姿般的摇动引领着生命的赞歌，午后在溪边小石上轻轻一坐，可能整个下午的光阴就这样随着流水的潺潺声流逝。植物在小溪边的角色应该是配合妖娆的流水使之若隐若现，同时用自己鲜明的色彩、质地强化水景的秀美。溪流的水一般较浅，在溪流中央不宜种植植物，但在靠近岸边，水流平缓处可种植浅水性的挺水植物，而在急流处则不宜种植，只在岸边点缀蕨草、海芋等质感和形态都比较有特点的植物。

面状水环境的植物景观配置要注重块的搭配，并结合周边的景致合理造景。由于面状的水以静水为多，植物配置常常要考虑水面的宁静气氛的营造以及和其倒影构图。湖泊是较大的面状水，该类水景的植物配置注重面的气势，常常成片栽植荷花、睡莲或其他浮水植物、浮叶植物。但不能铺满整个湖面，而是以占据水面面积1/3～2/3为宜，植物部分处于水中，部分靠岸种植，使这种植物景观在水中，在岸边都能展现其不同的姿态。在舒缓地的沿岸边上还可种植成片的挺水植物，如鸢尾、菖蒲以及球根类花卉（水仙、郁金香等）。

池塘是城市中等尺度的面状水环境，在设计时考虑远距离和近距离的观赏，根据水面大小在水中可以点缀几丛荷花、睡莲或其他浮水植物、浮叶植物。在沿岸可以将植物材料和置石配置，营造小环境的水景。在岸上配以湿生乔木，共同构成水景的层次。水潭是最小面积的面状水环境，该类水景主要强调小环境的宁静，由于面积较小不宜种植成片的荷花、睡莲或其他浮水植物、浮叶植物。如果一定要种，那么配置就得简单些，植物应该少而精致，每种植物都是这里的主角，每个色彩都是这里的重要色调。因此这里宜选择株形优美、质感丰富、色彩绚烂的植株，如海芋、菖蒲、鸢尾等（图7-17）。

1. 湖池与植物景观设计

人工水体中的湖泊和池塘的特征是水面平静、清澈，可以将沿岸的景观通过倒影的方式融入构图要素中，所谓"疏影横斜水清浅，暗香浮动月黄昏"。

湖池常用的植物包括水生植物和沿岸植物，通过生长在水中的水生植物和水岸的乔灌木塑造水体多层次立体的景观效果。湖的驳岸线常常是自由曲线，或石砌或堆土，沿岸常常种植耐湿的植物，大到乔木如水杉、池杉，小到草本植物如海芋、鸢尾、菖蒲、芦苇等，和湖泊远山近树的倒影相映成趣。湖泊与池塘中运用得较多的是浮水、浮叶植物，这部分植物可以填补池塘的空白，尤其是大水面更需要这样的补充。如果池塘不是太深还可种植荷花，满池的荷花和岸线的植物相连，葱郁的绿添满视线，盛夏繁开的荷花如娇羞的少女高低错落。

池塘多是由人工挖掘而成的，其岸线硬朗分明，池的形状有曲折多姿的自然驳岸，有规则整齐的几何图形，自然或规则取决于周围景观的特征。自然式植物池塘可以模拟自然界水体的植物群落。

进行植物配置，从岸上到水中逐步采用沿岸湿生乔灌木、挺水植物、浮叶植物、浮水植物。规则式池塘有几何对称得非常规整的池塘，也自由几何曲线的池塘，抽象园林概念产生以来，这种水池几乎到处可见。

除此以外，两者结合的池塘设计也屡屡可见，一边是理性的繁华、一边是感性的随意，功能性兼顾艺术性的水体使用，可以回归植物多样性的生态效益，从视觉上满足植物繁盛的群落效果。由于池塘岸线相对生硬，多数在水岸做文章，使水岸植物摇曳生姿和池塘水体相映成趣。池塘岸边的植物主要体现水的柔美，配合倒影共同构筑多层次景观。现在许多人工池塘岸线处理成几何曲线，植物序列也是在这种几何曲线的逐步延伸中逐渐展开的，在曲线突出位置紧靠岸线种植婆娑的乔木或大灌木并配以置石，而在曲线凹进部位将植物往内退，以此强化岸线的曲折。

岸边植物的选择主要是多年生草本植物、花灌木，较远处种植大灌木或乔木，植物种植层次丰富，形成的倒影也更具有立体感。有些池塘中央还设立有小岛。小岛的植物配置尤为重要，可采用一株观赏树或一树丛作为视线观赏的重点，在周围种植丛生的花灌木或多年生草本，甚至可以让植物的枝叶垂入水池中。

池塘中植物的设计要注意：池塘岸边植物高低远近的配置就如画画一样要多角度考虑；浮叶或浮水植物的设计要注意面积的大小及和岸边植物的措配，注意虚实结合；水中的枯叶应当及时清理保持水面整洁清爽；随着科学技术的发展，现在很多的水体景观可以达到自然界无法实现的效果，充分利用当今技术创造新视觉景观（图7-18）。

2. 河流、溪流、水涧、瀑布与植物景观设计

自然界中的带状水体有很多类型，总体来说可分为河流、溪流、水涧、瀑布、叠水，带状的水体往往处于不同高差的地理环境，通过这样的地势差可以形成由高到低的流动，即所谓"水往低处流"。因此大部分带状水体是一种以动为主的水体，这种水体不仅充分展现了水的流动美，其流动击石产生的声音也是园林欣赏中的一种重要元素。人工水体中的带状水体景观也就是模拟自然界这种流动的姿态营造多种水姿，再配以或轻柔或凝重的植物景观。河流景观是最宽的带状水体景观，这种水体景观要么平缓或者有些微的踹流。河流穿越城市常常被喻为城市的蓝带（这个名字的命名是相对于城市的绿带），城市蓝带和绿带共同构筑了城市的生态换气通道。城市蓝带沿岸的植物景观带则加强了城市换气通道的通道作用和置换空气作用。由于城市河道随着一年四季的变化有丰水期、常水期和枯水期，那么就涉有三个相应的水位：丰水位、常水位和枯水位，这三个水位就是河岸景观设计的依据。常水位是河道一年来80%以上的时间里水位所处位置，这个位置是界定选用植物是水生还是旱生的依据，在此水位以下就采用水生植物，之上采用耐水湿植物。根据三个水位的不同可以设计成以常水位为主要游览平台的三个观水平台，使常年有景可观而又避免由于旱涝之灾引起的景观损失。宽敞的观赏步道是常水位控制的最高位置，其下种植芦草这类的水生挺水植物，在平静而宽敞的静水内侧还可配置一些浮叶植物，在这里体会现代都市的乡野气息何尝不是一种很好的放松方式。常水位阡陌般的栈道规则地布置在河道上，其间种植荷花或芦苇，漫步其间或高或低地穿梭于绿色之间或之上，不同的"水上游"带给你类似于划船或穿梭平原湿地的感觉。通过阶梯上升到丰水位，其上种植的是旱生植物，植物造景可更加随意。溪流、水涧在自然界中常常出现于

图7-18 大面积湖池的设计可以是自然生态的，与自然接近，处于城市之间，可以两者兼顾，既保证人们亲水使用，也提供生态美观的景观需求和生态需求

山谷幽涧中，因此常常与茂盛的森林植物景观浑然一体。大自然鬼斧神工地将溪流和两侧色彩斑斓的植被巧妙地绘制在一起，构成一幅美妙的中国山水画。根据地势急缓所形成的水流或急或缓，根据溪流的急缓配置植物，溪流较急时很难留住水中的植物，但岸边或石头上的树枝或小蕨草在溪流所形成的风中自由摇曳，是溪流中最好的舞者，将山野溪水景致展现得淋漓尽致。这是自然界中另一种溪涧景观，描绘了江南一带乡村小溪的景象。浅浅的溪水穿过石缝淌过石面，或成线状丝丝扣弦，或成面状铺石而下，抑或汇聚成潭悠然自得，竹林围绕着沟溪蜿蜒布置，或成丛成林或几株点植，伴着卵石顺势生长，竹和水勾勒的清凉瞬间绽放。在溪流的平缓地带，水流速度较缓，有少量的挺水植物或苔藓在水边、青石上出现，给人沁人心脾的清凉感。

以唐菖蒲为主要挺水植物的溪边植物景观，两岸的树林通过天然木桥自然相连，模拟了自然界的淳朴，桥头的迎春花围绕杆柱自由匍匐显现了这一刻的慵懒，溪水从桥下穿梭而过，一切都显得那么平静安详。

低矮的水葱为水边植物造景，水葱株形较小可以见缝插针地随意布置，选择形体不是太大的卵石与之搭配更能体现自然界中小溪的生存环境，偶尔在其间点缀些别样的植物，既可丰富层次也可点缀些色彩。通过株型较丰满的美人蕉，营造水域空间和色彩，岸边适当点缀些水葱和灯芯草丰富空间色彩和层次，美人蕉鲜艳株形大比较好渲染气氛，适合放在环境开放的空间。人工瀑布的景观是水从瀑布顶端流出，通过一定高差流下形成瀑布，再汇集成水潭或小溪。水体周围的植物通过设计师精心安排，或枝叶茂盛沁入水体或半遮半掩保持距离，这种距离控制是由水边置石或近或远地摆放来实施的。而瀑布、叠水这种通过一定高差飞流直下的水体景观其动态是最激烈的，这种水体的景观配置依赖流水的宽度及营造的气氛，或雄伟或清爽。水流比较宽的叠瀑景观，整体气势磅礴，其植物配置也应锦上添花。小巧的叠瀑配以姿态优美的棕竹倍感景致可爱（图7-19）。

图7-19 线型的流水，在平缓地带可以种植水生植物进行装饰，在流水岸边配以姿态优美的植物增添流水的俊美

3. 水潭、跌水与植物景观设计

水潭是水体景观中最小的一种景观形式，自然界中的水潭多数是溪流的尽端或中央某凹陷处。其周边的植物茂盛有时候可能盖过水面，因此常有幽谷深潭只闻其声不见其形。由于面积小常常给人产生的印象是幽静安详不为人知，但水中释放出来的幽凉气息却是深到极致。现代都市生活中这种集聚冰凉气息的水景由于景致小巧常常设置在室内环境或小庭院里，枝叶茂盛的植物和它相映成趣。日本某宾馆庭院小潭边的植物配置层次丰富和紧凑，溪流边上的驳岸石头已被水生草本植物半遮半掩地装饰；其上是日本造园惯用的修剪手法的杜鹃剪型，自然而不凌乱、规则而不呆板；最上层是枝叶繁茂的乔木层，日本松姿态优雅的延伸出来似乎要最大限度地靠近水体感受水的气息，榉树、红枫等乔木前后搭配共同营造了溪流边上背景林荫的效果。庭院中方形小潭幽深而神圣不可侵犯，周围的植物只能遥相观望，但如果没有周围的绿，孤零的小潭是否还能维持它圣洁的形象？受到水潭的启发，城市里现在还流行一种叫水琴的装饰品，通过压力泵将水抽上，然后水再自上而下地流出，水滴落下来的声音在封闭的空间里回荡从而发出悦耳的声音。这种水形态多样，有如荷花莲叶古典造型的，有现代简洁造型的，有各种坛罐状的，放置在一角配合各种植物，营造一方小景。

在很多城市楼盘中，由于水的管理很烦琐，设计的水体景观一般在很小范围以内，但又不是前面介绍的那种置于角落的水体，面积稍微要大些。为了扩大水面的感觉，在有限的水面积中央设置小岛，让水流在周围穿梭，扩大水流在视线中的冲击（图7-20）。

图7-20 在水潭外采用花草树木围合成私密空间

4. 沼泽地、雨水花园与植物景观设计

自然界中湿地景观是最为丰富的一种水体景观，广义的湿地包括一切水域环境，如前面所提到的水体环境，这里我们所要探讨的湿地是一种不规则形态的水体景观。由于不规则产生的水域生态环境也不一样，由环境而滋生的生物也多种多样，所以湿地是所有水体里生态环境最为稳定的一种水体景观，它注重生物多样性的孕育由此而带来生态的高效益。

人工湿地的一角，图片中展现了丰富的植物组合，几乎所有的水生植物类型都用上了，沉水植物打底，浮叶植物穿梭其间，挺水植物沿岸种植，岸边还有姜叶等很多湿生植物种类。沼泽地比较混乱的景观，孕育了丰富的水生植物。

雨水花园，是在城市环境恶劣下诞生的一种可以承载自然降水后所滋养的湿地环境方式，是钢筋混凝土中一块可以和地下联通呼吸的有机场所。雨水花园逐步扩大可形成城市湿地公园，人们对于湿地所带来的生态效益逐步得到认识与认同。同时，城市中的湿地有别于自然界，在实现同等生态价值的基础上，需要更有层次的丰富景观。

城市中的湿地经过人为调整整齐有序，各种挺水植物在有序的布置下逐渐展开，在其间设置的游步道使景观可赏性增强。通过湿生花卉和挺水花卉可以将小范围的水域环境装点得精致可爱，配置时注意每种植物的生态环境，避免湿生与水生的混淆。

许多湖泊周围浅水处都形成了沼泽地，这里云集了大量的水生生物，在人工湖泊中有意识地进行整理，可以形成有序的景观，避免自然群落中的混乱。在许多楼盘或度假花园（尤其是室外洗浴中心），将各种水体有机地结合起来，根据不同的水体所呈现的生态环境配置相应的水生植物。今年来随着还蛮城市建设的推广，许多雨水花园应运而生。

雨水花园的外貌与湿地非常像，与之不同的是，雨水花园多了储水池以及配套的净水系统、出水系统和溢水系统，让雨水可以保留在城市中，当旱季来临，这些储备的雨水可以释放出来用于城市管理用水、景观用水（图7-21）。

图7-21 城市中的雨水花园是城市旱、雨季的调节器，可以有效地储存雨季过量的降水并保存旱季有水可用，其外貌有着湿地的特征，配合城市用途增加必备游览、娱乐设施

雨水花园
种植层
覆土层
3~5mm生物滤料层
15~20mm生物滤料层

净化空气

收集雨水　重建水循环
径流削减率达90%

生态
效益

保护生物多样性

缓解城市
热岛效应

净化雨水　减轻径流污染
TSS去除率可达80%

潮湿　　中等　干燥

雨水流入　　　　　　溢出

改良过的土壤　　原状土壤

雨水

铺装上的雨水

过滤及洁净雨水
连接地下排水管

第四节　园林建筑及构筑物与植物景观设计

一、园林建筑与植物景观设计

园林建筑是园林景观中最大的人工景观，不仅具有遮风避雨的使用功能，而且在园林人文景观中更多起着点题、主景的作用。在中国传统园林中许多园林景点都是以园林建筑为题命名，如杭州西湖牡丹亭、南雪亭、暗香疏影楼、听雨轩等。园林建筑的植物景观设计主要依据建筑的形式、色彩、体量，以及表征的建筑性质为依据，传统的园林大致有皇家园林、私家园林和寺庙园林，每类园林依建筑特征不同所呈现的气质也不同，要求植物配置有所区别。皇家园林所表现的是一种至高无上的尊贵，其园林建筑雄伟、富丽堂皇，所对应的植物配置在主建筑前也多采用对称种植，其植物材料也是形体大方威严的种类，如松柏。这些植物形体高大，四季常青，形态坚挺有力，可以和皇家园林建筑的雄伟相匹配，植物配置多从整体角度考虑。而南方的私家园林则更多地体现出江南风情，其植物配置多注重细节，所到之处无不体现细微之处的雕琢，常常是从一幅画的构图角度考虑，背景为白墙，以几丛竹子、几块太湖石为主景。西南地区的园林建筑比较浑厚，由于气候条件的优越，植物长得比较茂盛，园林建筑隐藏在茂密的植物中，显得更加悠远。寺庙园林显现的是一种禅意，有严肃、神秘之感，园林植物多采用松柏类常绿植物，增加了场地的隐秘性。现代园林建筑运用大量新材料、新形式，其造型简洁、大方。植物配置迎合这种建筑形态，多采用修剪型绿带构织建筑为前景，花卉灌木点缀在建筑周围，增加环境的色彩，其背后种植乔木作为背景，整个景观富有层次感和现代感（图7-22）。

二、园路与植物景观设计

园路是园林造景的重要因素，是构成园林景观的骨架。园路的植物造景主要以道路为观赏面，从道路往里层次由低到高逐渐推进。园路一般以步行为主，因此其景观配置以人步行的速度来考虑，植物配置单元不宜过长，注重细节的雕琢。根据观赏需求不一，对园路两侧植物配置手法也不尽相同，由植物营造的道路景观有鲜花大道、林荫道、景观道等很多种说法。在道路的植物景观设计过程中常常会结合整个区域景观特色、景点需求来考虑植物的疏密、高矮搭配。更多的设计手法是考虑道路的级别、功能，先对道路的景观意向进行确定，然后在此定位基础上进行植物造景。

景区主干道是人车两用的道路。景观要求视线明朗，向两侧逐渐推进。通过控制植物的体量，按照体量的大小逐渐往两侧延展，将不同色彩与质感合理搭配。靠近入口处的主干道还要体现景观的气势，或是通过量的营造来体现，或是通过构图手法来突出。

大量色彩明快的花卉或地被植物，成片地或以构图形式种植，体现入口的热烈气氛；通过对称的构图方式可以增强入口的气势，将焦点引向景区深处。

景区的主游路是以步行为主的景观道路。景观形式多样，因景易路，因路易景，即道路是随着总体景观功能的变化而变化的，而具体的植物配置细节则是随着道路的变化而改变的。例如通常先确定景观区域（疏林草地区、密林区、开敞娱乐区等），景观区域定位后，相应的道路配置就比较清晰了。

图7-22 由于建筑比较"硬"，需要柔软的植物进行装饰，建筑若隐若现才能更好地展示亮点

疏林草地区的道路自由流畅，其植物配置随着道路的延伸，植物层次逐渐递进：开敞的草地、花卉（或地被）、花灌木、背景林；如果是草坪加乔木林可进入式休闲林，道路的功能则弱化了。密林区的道路往往是峰回路转，道路形式变化莫测，其植物配置也是变化多样，在转弯处内侧往往采用枝叶茂密、观赏效果较好的植物遮挡视线，增加观赏情趣。

景区的次游路及步道，由于步行速度特别慢，植物景观尤其注重造景细节，体现植物多样效果及色彩质感搭配，对植物的造型非常重视精雕细琢。对道路本身也采用嵌草、沿阶草或苔藓的形式增加观赏趣味。

阶梯由于考虑水土流失等技术问题其两侧常常采用挡土墙，因此为了掩饰其生硬，往往配置枝叶茂盛的植物，增添景观层次的同时还可固土。

园桥是园路的另一种形态，它连接水体两侧的道路，其本身也是一种非常别致的景观。桥头两侧厚重的基石，通过花灌木、草花对基础进行美化，采用乔木作为框景，富于画意。

现代园林中，道路往往采用几何曲线组合形式，其植物配置也是顺应时下的审美趣味，整体格调自由简单，多采用几何曲线造型以及剪型球点缀，着重突出植物整体的丰富色彩。现代先进的生物培育技术使植物景观设计的素材越来越丰富，使园林道路的景观极富吸引力（图7-23）。

三、挡土墙与植物景观设计

挡土墙从工程的角度来看是起到挡土、防止泥土滑落等作用。根据边坡的高度和坡度等不同条件，分别采取不同的护坡工程。一般对边坡小于1.0∶1.5的土质或沙质坡面，可采取植物护坡

图7-23 道路是行人最主要的游览导向标识

一径花开一径行，盈盈楚楚的花绽放了一路，人烦躁的心境也沉淀下来。设计师采用玛格丽特、绣球花、雏菊等开花地被，局部景墙边点缀造型树，形成完整丰富的中式植物景观配置。

园路是业主每日都在使用的，虽不起眼却使用频率最高，于不张扬、不动声色间给人以家园的质朴与安稳。每条路，未来都将成为业主们归家的必经之路，饱含设计带来的长久的幸福感，蓬勃的生命力，以及温暖人心的力量。

突出主景，道路材质统一、图案简洁

工程。在进行防护过程中关键是做好工程的护坡，在此前提下通过植物来美化生硬的墙面。根据挡土墙的大小，可以选择不同体量的植物进行配置。为了防止植物的根系破坏挡土墙，通常选择浅根性植物。挡土墙的植物配置包括两种方式。一是挡土墙自身的绿化，就是坡度在1.0∶1.5的土质或沙质挡土墙上种植浅根性草本类植物。另一种是在挡土墙周围进行植物装饰，这种方式不限制挡土墙的坡度，而且挡土墙是必须依靠工程防护的，在挡土墙的上下端可种植藤本植物进行立体绿化，或通过花卉、花灌木植物在其基础进行装饰，通过竹类、棕榈类植物在两侧处理成框景。如果挡土墙过高则可以分段处理，每一段退台覆以种植土，并结合挡土墙的色彩、质感、形态等特征构图造景，种植浅根性花灌木、竹类、棕榈类及草本植物（图7-24）。

图7-24 通过植物上下左右、前后的植物搭配，形成虚实错落的空间层次，若隐若现中平添了一份工匠的美

地形处理过程中，挡土墙起着非常重要的作用，往往在地形缓坡的背后，通过挡土墙可以在有限的区域快速收边，为了美观，往往结合瀑布、景观墙等方式进行处理。

作业

1. 建筑出入口的植物设计应注意什么问题？
2. 建筑窗前的植物设计应注意什么问题？
3. 墙外的植物设计应注意什么问题？
4. 屋顶花园植物设计应注意什么问题？
5. 庭院的植物设计应注意什么问题？
6. 园林小品周围的植物设计应考虑哪些因素？
7. 湖池潭等静态水景应怎样进行植物设计？
8. 溪流等动态水景应怎样进行植物设计？
9. 雨水公园的结构是怎样的？
10. 建筑体与植物搭配要考虑哪些要素？
11. 园路两侧的植物选择应考虑哪些问题？
12. 挡土墙及周围的植物设计应如何考虑？

第八章

植物景观设计的程序与方法

第一节　认识项目书

　　任何一个设计不单单是纯技术层面的问题，还包括业主的偏好、计划投资金额等，为了适应场地的这些特殊情况，在进行项目设计之前就必须全面认识这些综合性问题。为了有序而成功地达到规划目标，应形成一套包括访问、调查、评估场地的综合性系统。这一系统应使客户的最初需要成为至关重要的因素。客户在园林开发初期设想庭园效果的时候，脑海中就已经有了明确的目标。例如，在第一次和客户接触时，他们就会提出自己对场地的景观要求，以及对某种景观风格的偏好。他们可能想要建造一座正式的花园，来为一座雕塑提供安置的环境，或为员工的休息放松提供便利的场所；他们也有可能想要一片绿荫，可以为室外活动开展提供一种可能；他们也许仅仅是需要为他们的建筑提供一处配景，让所有的人居于花园之中。不管出于何种原因，设计者都应该满足客户的这些要求，在和客户接触过程中去深刻理解项目。

第二节　调查阶段

　　在认识了项目书后，首先要对场地进行深入调查。这个阶段的目的是检查场地的资源，以满足客户的意图，包括调查该场地的地势、植物的生长情况、水文、气候、历史、土壤和野生生物。掌握基地的自然条件、周围环境状况以及基地的历史沿革情况；搜集诸如地形图、要保留的主要建筑物的平立面图、现状植物分布图、地下管线图等图纸。在上述工作的基础上进行现场踏查，一方面，核对、补充所收集的图纸资料，另一方面，设计者到现场可据周围环境条件进行艺术构思，现场踏查的同时，需拍摄环境现状的一些影像资料，并踏查多次。

一、地形及其等级

地形情况对于植物材料在种植设计中的放置和定位有很重要的作用，如果所选地点对空间环境的效果有特殊的要求，就有必要对该成分进行充分的评析。应注意的特征包括斜坡的坡向和坡度。一个工程的地形分析按照坡度等级分为：0%～3%、3%～8%、8%～15%、15%～25%，以及25%以上。

坡度为0%～3%的等级是平缓的斜坡，在此范围内，在建设配套建筑设施和循环设备的过程中，由于土壤厚度，以及适合栽培各种类型的植物，所需修改较少。如果要求有强烈的视觉效果，则需要加入大型的植物或设置挡土墙。

二、地质与土壤

深入了解一个地区基础的地形构造和土壤种类，对制定该地区的种植计划起着十分重要的作用。为了收集评估该地区所需的数据，必须对地形和土壤进行研究，这些相关的知识将有助于在规划过程中选择合适的植物，以及最合适该地区原有自然条件的管理模式。如园地及其开凿条件随土壤种类和它到岩床的不同深度而变化。一般情况下，在黏性土壤上盖建筑物要比在不适合种植的土地及岩石上差，在黏土变潮的情况下，危险尤为突出。浅的岩床提供坚固的地基，但是开凿起来消耗较大。对地面坡度进行估测，确定土壤种类、构造以及岩石的种类，可以为得到地面的稳固性和开凿的潜力提供有价值的线索。土壤湿度、土壤的流动性及其对下水道污物和其他废物的吸收能力，可以根据土壤种类和在该地区内发现的地质沉积物的相关知识来判定。地表土壤的厚度是非常重要的因素。

若地表土壤浅，靠近地表的岩床将限制植物的生长，与此同时，若土壤对较高的地下水位反应敏感，植物根部在生长期内的生长就会受到限制。坚硬的土壤会限制根茎的渗透作用，从而阻碍植物的生长。不同的植物适合不同的酸碱性，pH值过高会限制植物对营养物质的摄取，而pH值过低则会释放有毒物质，这些有毒物质会限制或抑制植物的生长，如矿藏丰富的地区有毒物质就会高。

干燥或半干燥地区一般都有高盐危害，这会限制植物的生长，除非有足够的水以供过滤。

富含镁和铁的硅酸盐土壤被称为"蛇纹石土壤"，通常这类土壤都是贫瘠而且不宜生长的。不管土地如何，都必须对土壤进行广泛的分析，以确定今后植物生长所需的营养。为了达到更明确的判断，还要对岩床的厚度（土壤和未加固的沉积物的厚度）、岩床表面的海拔、黏土厚度、岩性（岩石的种类）、土质（土壤微粒的大小）、土壤中黏性含量、土壤的石化、土壤的干旱情况（表明灌溉的需求）、土壤或岩石的渗透能力、土壤的湿度、土壤对不同植物相应的生产率、土壤在具体改造中的局限性、吸收能力（对丢弃物的适应力）、控水能力、土壤的收缩潜力（黏土的扩张）、土壤对重度霜寒的敏感度、土壤的生产能力、开凿限制、地质方面的危险、斜坡的险峻程度和稳固程度、园林设计的敏感度、土壤和地质材料的腐蚀性、对地震的感受力、酸碱度等。

三、水文条件

对种植设计而言，水是成败的关键。在开始任何栽培结构的规划之前，确定以下几点显得十分重要。

1）水源的确切位置、大小和容量；

2）维持植物生长的水质；

3）使用地区内水源潜在的花费；

4）所有现存地表水源的位置，如湖、池塘和溪流（这些可以作为灌溉的水源）；

5）水源的流动方向和所有流域的范围（园林规划不能阻止自然的流程）；

6）天然水资源，如泉水、喷水井和溪流（限天然生长地区）。

在植物景观设计管理中，有必要对该地区内可以利用的水源进行调查，将其质与量制定一份详细的目录，因为地面水体的水位、位置和水质将直接影响对植物的选择。灌溉可以改善天然植物的生长，因而也可以增加某些植物种类的引进。同时，引入并利用的水源也可以从根本上改变现存植物的生长状况与性状表现。水文题图资料所需数据包括：排水地区分布图、潜在的洪水（包括频率和持续时间）、溪流的低速流动、溪流对沉积物的承受力、固体在地表水源中溶解的最大量、地表水的总量和质量、地表水体的深度、可做水库的潜在地区、地面水源的利用率、井和测试孔的位置、到地下水位的距离、地下水位的海拔、承压水位的海拔（水位有季节性变化，井水水位高度有升降）、渗透物质的厚度、地面水源的质量、可以再补充水的地区等。

四、气候条件

气候条件与植物的生长以及现存植被的数量有着直接而明显的关系，气候的变化可以限制或者扩大某个植物品种作为设计元素的作用。其中降雨量及持续时间和气温是关键因素。

短时期的气候变化趋势也是必须考虑的，一些与气候相关的并对自然生长植物造成危害的还有凶猛的洪水、受污染的空气以及任何干燥情况下导致的火灾。光和热量是影响植物生长的最重要的两个气候因素。光是光合作用的能量来源，热量则是植物新陈代谢过程中的能量提供者。光合作用直接关系到植物的生长，在浓密树冠下幼苗无法生长，这也许与光照不足有关，光照不足可能导致菌类的繁殖，甚至连耐阴性植物也无法幸免。在恶劣的光照条件下，大型植物的根茎生长会受到极大的损害。在重要的生长阶段内光照不足容易导致该植物生长不良，在剧烈的暴风雪中就会受到损害。气候变化剧烈，也是造成植物组织受损的一个因素，在种植规划设计中，由冰雪、风暴及雷电产生的损害也是必须考虑的因素。

在进行植物设计时要考虑的气候条件有：月平均温度和降水量，每天、每月、每年的温度变化的最大范围，积雪的天数，无霜冻的天数，年度洪水循环周期及洪水水位，旋风飓风和其他强烈风暴雾的可能性，月平均湿度及风速、每月天空无云、多云的天数记录等。

五、现有植物资源

调查场地内现有植物资源，并分门别类地归纳整理，列出可以保留的植物以及可以采用其他植物替代的以及应去除的植物类型。在调查过程中应确定地区内每一株植物和植物群的位置、大小、状态及保留运用于设计的潜力，必须在基础地图上准确地标明其位置，及其到该地区内其他有记录的特殊物体的距离。植物的大小应该按照植物的宽度（通常采用冠幅S表示）、胸径（采用D表示）、株高（采用H表示）来定义。对于一棵树，还应记录测径器（距地面1m处树干的直径）测量的数据；对于灌木，根部宽度则是最重要的。冠的尺寸（树冠的宽度）是指围长，应在规划中将植物个体与植物群的围长描绘出来。

植物或植物群的状态是指它们可供连续使用的潜力。风暴、病虫害等会限制它们发挥其预设功能的能力。如果破坏非常明显，设计者必须决定是修复还是替换该材料。检查现有材料的自然系统和状态很重要，现存植物的种类、位置、大小和密度对相关材料的选择和该地区今后的运输能力有着巨大的影响，设计者应该对该工程地区内现存的植物作出仔细的分析，通过各个物种的大小和位置调查可以了解系统的特性。由于树木是多年生植物，在任何季节都容易辨认，因此它们是研究的首选对象。任何情况下，植物的表现性状都与它们在连续的数个阶段内对湿度、土壤、光照的需要密切相关，然而曾经发生过的干旱、火灾、虫害等也会影响植物的数量和大小。必须注意植物发育的各阶段和曾经发生的具体事件，仔细地对以下四个因素做现场分析。

1. 先驱性物种

这些植物种类通常是第一批在凌乱的土地上生根的植物，它们在各种不同物种中往往更具有侵略性。通常如果比它们更强的植物所需的土地条件一般，那么它们可以在比这更差的土地上生长。如果不能立刻在大范围内恢复土地的原样，这些材料是初步栽培计划的绝佳选择。

2. 过渡性物种

这些物种将跟随先驱物种生长，直到更具统治性的物种出现。

3. 近盛期和全盛期的物种

这些物种代表在这一过程中的最高发展阶段。它们需要更富营养的土壤和更为稳定的气候。

4. 邻近地区的物种

生长在该地区两端的植物种类可能暗示了新的植物圈的"建立方向"。在自然繁殖树木的范围内，风向和地表水体的运动会使种子分布到整个地区。然而如果使用这种自然技术，达到最终目标则需要很长一段时间。

六、土地使用历史

任何种植工程的成败，有相当部分是由该场地在此之前的使用情况所决定，所选择的用地以前是垃圾堆、化学废料堆、果园、苗圃、荒地、裸露岩土等，这对决定随后的种植方式有很大影响。调查这类问题的首选资料，取决于该地区的历史及社会发展。对于衡量该地区现有的及今后的承载能力很重要。标明这些使用方位的图纸，可以作为规划考虑评估具体场地的一部分内容。

七、现存人造设施

现存设施的利用与否以及对场地植物栽种的影响，是现存设施调查的首先考虑的要素。其调查内容包括公用设施（尤其是地下段设施）、道路、房屋、娱乐设施及其他建筑的数量、尺寸、容量。在规划过程中，必须把这些要素绘制在一张图纸上以便设计时综合考虑。

八、现有资源审美价值

地段现有资源的审美价值包括地形、植物、空间层次、构图角度等，即地形的起伏多样化、植物的类型、空间的丰富、近中远景整个地块的景象。在规划过程中，应对这些审美要素进行综合评定。

1. 具有较高审美价值的地段

这些地段是整个地区内具有魅力的部分，可以在许多角度观赏到美丽的构图。此地段中具有保存价值的历史景观，这些历史景观的保留与开发利用是构造具有魅力景致的良好方式与切入点。

2. 具有中等审美价值的地段

在这些地方的大部分方位与位置上可以看到整个地段的景色及远景，可以充分利用合适的观赏角度，组织美丽的景致。

3. 具有较低审美价值的地段

这些地方可以选出较优美的景致，但近处景致粗糙，需进行改造与设计。

4. 粗陋的景致

这些地方几乎观赏不到优美的景致，需通过适当的障景对粗陋的景致进行修饰与遮挡。在进行植物设计前，需将现有资源按照审美价值的等级进行归纳，整理在同一张图纸上，综合评定现状资源条件，然后进行取舍。

九、当地植物资源

对当地植物资源材料的收集整理，是场地种植设计的必要手段。因为当地植物是经过长期的自然选择后留下的适应能力较强的种质资源。当地植物资源需按照乔灌草的观赏方式归类整理，以便于以后的运用。并且还要将各类植物的生态习性进行分析总结，便于不同场地类型的种植选择（表8-1）。

表8-1 当地植物资源汇总表示例

名称	拉丁学名	形态特征	生态习性	园林用途	繁殖方式及栽培管理
睡莲	*Nymphaeatetragona*	睡莲为多年生水生花卉。根状茎粗短。叶丛生，具细长叶柄，浮于水面，纸质或近革质，近圆形，基部近戟形，全缘，上面浓绿色有光泽，下面暗紫色。花单朵顶生，浮于或略高于水面，花色白或粉红，聚合果，内含多数小坚果。同属约40余种，常见作观赏栽培的还有：白花睡莲、兰花睡莲、黄花睡莲、香睡莲、红花睡莲等	喜阳光充足、通风良好、肥沃的砂质壤土，水质清洁及温暖的静水，适宜水深为25～30cm	睡莲是花、叶俱美的水生观赏植物，在公园、风景区及庭院的水景中，用各色睡莲与荷花、湿生鸢尾等配植，具有极高观赏价值	一般用分株繁殖，在池塘栽培，早春应将池水放尽，将根茎附近的土疏松，施入基肥后再壅泥，后灌水。从春至夏，随新叶生长，加深池水，夏日保持水深50～80cm即可
荇菜	*Nymphoidespeltatum (Gmel.)O. Kuntze*	多年生浮水草本植物。具不定根，沉水中，地下茎横生。叶卵状圆形，基部心脏形，上面绿色，下面带有紫色，叶柄长。伞房花序束生于叶腋，多花，花梗不等长，花杏黄色，花冠漏斗状，花萼5深裂，花冠5深裂，裂片卵状披针形或广披针形，边缘锯齿毛，喉部有长睫毛，雄蕊5，着生于花冠裂片基部，子房基部具5个蜜腺，柱头2裂，片状。蒴果椭圆形，不开裂。种子多数，圆形，扁平。花期5～9月，果期9～10月	常生长在池塘边缘。属浅水性植物，根入土。冬季入土根在水下可越冬。盆栽要入室内越冬	荇菜叶片比睡莲小巧别致，鲜黄色花朵挺出水面，花多，花期长，是庭院点缀水景的佳品	可用播种和扦插繁殖。荇菜有自繁能力，扦插在天气暖和的季节进行，把茎分成段，每段2～4节，埋入泥土中
红菱	*Spirodelapolyrrhiza (L.)schleid*	多年生漂浮植物。叶状茎扁平，倒卵形或椭圆形，长6～9mm，直径3～6mm，先端圆，上面绿色，有光泽，下面紫红色，常3～4片相连，自中央下垂十余条纤维状须，中心有明显的维管束一条，束端有根帽。佛焰苞短小，唇形。花期夏季	适应温暖湿润气候。在气温23～33℃，全球广布	庭院点缀水景，具有雅致的气息	叶状体侧面发芽，可长出新的植株，也可种子繁殖

第三节 构思与初步方案设计阶段

在这一阶段，要提出一套可以达到工程目标的初步设计思想，并根据这套思想来安排基本的规划要素。随着客户的进一步投入，设计师可以就栽培开发作出必要而具体的决定。明确植物材料在空间组织、造景、改善基地条件等方面应起的作用，确定植物功能分区做出植物方案设计构思图（图8-1、图8-2）。

图8-1 植物种植设计方案——透视效果

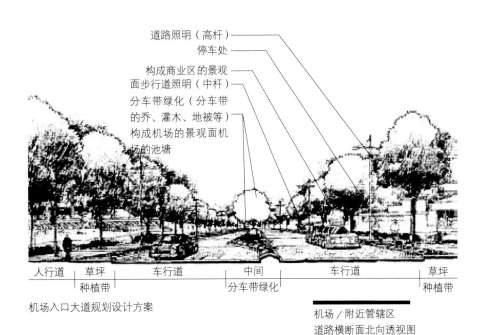

道路照明（高杆）
停车处
构成商业区的景观面步行道照明（中杆）
分车带绿化（分车带的乔、灌木、地被等）
构成机场的景观面机场的池塘

人行道	草坪	车行道	中间	车行道	草坪
	种植带		分车带绿化		种植带

机场入口大道规划设计方案

机场／附近管辖区
道路横断面北向透视图

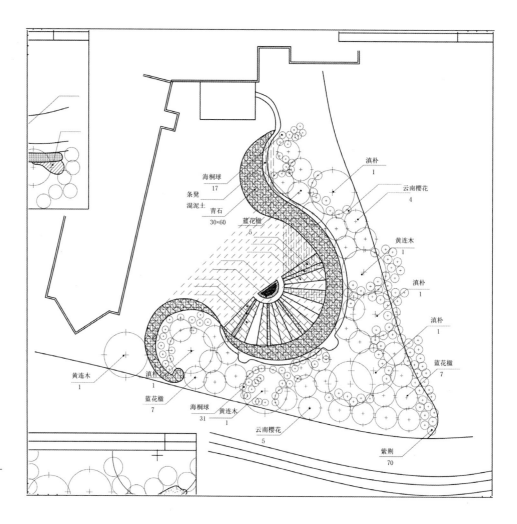

海桐球
17

条凳
混泥土
青石
30×60

蓝花楹
5

滇朴
1

云南樱花
4

黄连木
1

滇朴
1

滇朴
1

蓝花楹
7

黄连木
1

滇朴
1

蓝花楹
7

海桐球
31

黄连木
1

云南樱花
5

紫荆
70

图8-2 植物种植设计方案——
平面图

对于种植的环境，其最终概念的形成在设计的最初阶段就开始体现了。在制定种植计划时，我们必须了解植物在设计中所发挥的功能。在为一个园林布局选择植物时，首先也应以其设计功能为基础，然后再考虑它的园艺特征。可以通过以下的步骤来确定所选植株或植物群的设计功能。

1. 制定设计的一般组成要素

以客户的设计要求为基础，计划建筑空间里所需的特别的水池以及行人具体的行走路线，由此确定初步的设计组成部分。确定需要"加框"的风景，以便于从各个有利方位观赏；确定是否需要选择植物群加以连接，或放置特别的植物以吸引观赏者注意力。如果空间较大，可用植物群把它分割成较小的区域。

2. 塑造空间建造初步的景观空间

根据客户要求设置景观功能区，根据不同功能区的特征和使用要求选择不同的植物类型。如室外林荫活动场所，需要选择能提供林荫，枝下空间开阔的植物类型；如果是观赏空间则以植物的观赏特性为主要参考依据，根据这些确定不同景观空间植物类别，建造初步的景观空间。

3. 一些次要的修饰空间

选择植物或植物群创造出设计所要求的效果。利用不同的颜色、形状、质地、范围、顺序以及平衡关系来支持设计。

4. 选择可以强调空间目标的设计元素

制定一个既能满足客户的需要，又能充分发挥设计者创造性的初步种植计划。

通过上面的步骤可以确定设计中某一特定地点需要放置什么样的植物，深绿的（植物的颜色）、圆的（植物的形状）、质地细腻的、树冠突出的等。

以工程目标为基础，确立规划环境的形状，必须考虑栽培材料的基本建筑形式（墙、顶棚、地板、天棚、栏杆、障碍物、矮墙和地面覆盖物）。为场地的功能要求提出方案，经与业主讨论，初步确定主要的植物类型。

根据种植规划设计的要素，如色彩、形式、结构等，来确定整个空间内的景观设计。这些景观（或受这些要素支持或受宏观环境控制）所形成的小环境，可以反映设计理念。根据上一步确定的功能要求，在细部空间提出三维的植物设计方案，并与业主确定。

根据规划要求来选择适用的栽培材料，如要求植物在景致上表达景框作用，要求植物作为雕塑的前景来配置，作为主景的背景来设置，作为场景的色彩来调配，表达某一主题思想等。同时，融入各空间的特殊要求，列出各场地的种植方案。

第四节　选择植物阶段

植物的选择应以基地所在地区的乡土植物种类为主，同时也应考虑已被证明能适应本地生长条件、长势良好的外来或引进的植物种类。另外，还要考虑植物材料的来源是否方便、规格和价格是否合适、养护管理是否容易等因素（表8-2）。

表8-2　　　　　　　　　　　　　　　　　植物选择列表示例

立地类型号			I	II	III
立地类型名称			阴坡、半阴坡中厚层红壤立地类型	阳坡、半阳坡中厚层红壤立地类型	边坡薄层红壤立地类型
立地特征	地形地势	海拔	1780~2200m	1700~2200m	1700~2200m
		坡向	阴、半阴	阳、半阴	阳
		坡位	各坡位	各坡位	各坡位
		坡度级	II~III	II~III	III~V
	小区气候		温暖	温暖	温暖
	地形地势	土壤名称	红壤	红壤	红壤
		成土母岩	砂岩、页岩	砂岩、页岩	砂岩、页岩
		土壤质地	壤土、沙壤土	壤土、沙壤土	壤土、沙壤土
		土层厚度	中-厚	中-厚	薄-中
		土壤湿度	较干旱	较干旱	干旱
		石砾含量	20%	10%~20%	10%~20%
	原有植被类型	有林地	云南松林、旱冬瓜、松栎混交林	云南松林、旱冬瓜、松栎混交林	云南松林、旱冬瓜、松栎混交林
		灌木	杜鹃、乌饭、火把果、矮杨梅、珍珠花、小铁仔、胡枝子、川梨等	川梨、胡枝子、乌饭、火把果、小铁仔、珍珠花、杜鹃等	川梨、胡枝子、乌饭、火把果、小铁仔、珍珠花、杜鹃等
		草本	旱茅、野古草、黄背草、金茅、蒿、火绒草、蕨类等	野古草、旱茅、火绒草、细柄草、蒿、蕨类等	野古草、旱茅、火绒草、细柄草、蒿、蕨类等
增添植物种类			旱冬瓜、云南松、女贞、枫香、川梨等	旱冬瓜、云南松、冬樱花、枫香、川梨等	车桑子、火棘、多花蔷薇、地石榴、崖豆藤、戟叶酸模、常春藤

第五节　详细设计阶段

在此阶段中应该用植物材料使设计方案中的构思具体化，这包括详细的种植配置平面、植物的种类和数量、种植间距等。详细设计中确定植物应从植物的形状、色彩、质感、季相变化、生长速度、生长习性、配置效果等方面来考虑，以满足设计方案中的各种要求（图8-3、表8-3）。

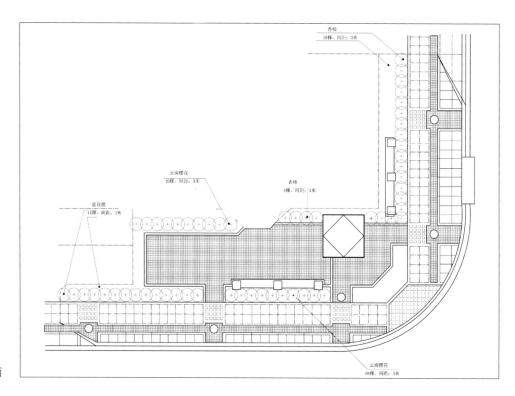

图8-3 植物种植详细设计平面

表8-3　　　　　　　　　　　　植物种植设计详细列表示例

序号	图例	植物名称	拉丁学名	规格
1	✵	紫薇	*Lagerstroemia indica*	$h=2\sim3m$, $d=0.15m$, $s=1.5m$
2	⊙	枫香	*Liquidambar farmosana Hance*	$h=2.5m$, $d=0.08\sim0.10m$, $s=1.5m$
3	⬡	垂柳	*Salix babyionica*	$h=2.5m$, $d=0.08\sim0.10m$, $s=1.5m$
4	✸	冬樱花	*Prunus majestica*	$h=2\sim3m$, $d=0.15m$, $s=1.5m$
5	✸	三角枫	*Acer buergerianun*	$h=2\sim3m$, $d=0.15m$, $s=1.5m$
6	✸	山玉兰	*Magnolia delavayi Franch*	$h=2\sim3m$, $d=0.15m$, $s=1.5m$
7	✸	香樟	*Cinamonum camphora*	$h=2\sim3m$, $d=0.15m$, $s=1.5m$
8	◐◑	桂花	*Osmanthus fragrans*	$h=2\sim3m$, $d=0.15m$, $s=2.5m$
9	✸	缅桂	*Michelia alba*	$h=2\sim3m$, $d=0.15m$, $s=2.5m$
10	✸	小叶榕	*Ficus microcarpa*	$h=3m$, $d=0.15m$, $s=2.5\sim3m$

第六节　施工图设计阶段

在种植设计完成后就要着手准备绘制种植设计图。种植设计图是种植施工的依据，其中应包括植物的平面位置或范围、详尽的尺寸、植物的种类和数量、苗木的规格、详细的种植方法、种植坛或植台的详图、管理和栽后保质期限等图纸与文字内容（图8-4）。

种植设计的技术决定了设计素材使用的成功与否，如果设计的位置不恰当，植物将不能充分展现其潜力，应遵循以下的一般规则以达到植物生长的最佳条件。

1. 种植地点

选择的种植地点应有足够的空间让植株达到其成熟期，种植过密会造成植株之间对光照、土壤养分和生长空间的过度竞争。

2. 注意选择栽种时间

有些落叶树木适宜在停止生长的期间栽种。绝大多数常绿树可以在任何季节栽种，但要细心维护，尽可能少地减少对根部的损伤。

3. 地区的要求

种植坑的大小根据植株而定，必要时可做一些土壤的改造，如果土太厚或沙太多，增添一些淤泥或腐殖土之类的有机物会有所帮助。

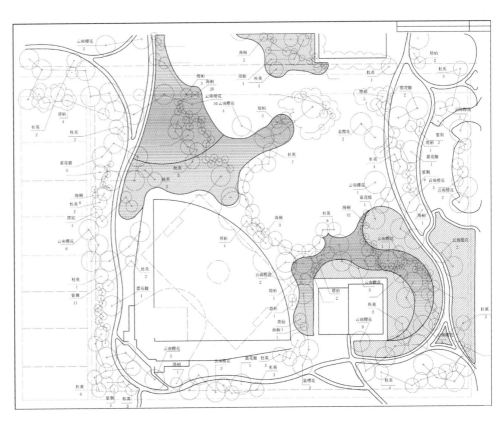

图8-4 植物种植设计平面（一）

4. 种植安排紧凑

应尽快把从苗圃买来的植物种上，耽搁时间太长会增加植物移植中所经受的"冲击"。

5. 树木的固定

树干直径大于5cm的树木应用绳索加以支撑，让树木朝着正确的方向生长。

作业

1. 植物设计的总体流程都有哪些？

2. 植物设计前应对立地条件做哪些方面的调查？

3. 植物设计时如何选择植物材料？

第九章

植物景观设计表达方式

园林植物是现代园林景观中重要的构成元素，它具有明显的时空节奏感，独立的景观表象，丰富的季相变化以及突出的园林意境。因此，它是园林景观中其他构景元素不可缺少的衬托。园林植物的分类方法较多，在园林景观的营造中，根据各自的特征，将其分为乔木（包括竹类和棕榈）、灌木、花草、藤本和水生植物五大类。在园林设计图中，根据植物的不同特征，将其抽象处理，用不同的植物图例来表示不同的园林植物。

第一节　各类型植物平面图

园林植物的平面图是指园林植物的水平投影图，一般都采用图例来概括表现。其方法为：用圆圈表示树冠的形状和大小，用黑点表示树干的位置及树干粗细。由于树木种类繁多，大小各异，仅用一种圆圈来表示是远远不够的，因为无法清楚地表现出设计意图。为此，我们应根据树种的类型、性状及姿态特征，用不同的树冠曲线加以区分，并由此强调直观效果。

一、乔木平面图表示方法

乔木可以分为常绿乔木和落叶乔木两大类。常绿乔木分为针叶常绿乔木、阔叶常绿乔木两大类；落叶乔木分为针叶落叶乔木、阔叶落叶乔木两大类。在平面表示符号中，针叶树常以带有针刺状波纹的树冠来表示，若为常绿的针叶树，则在树冠线内加画平行的斜线。阔叶树的树冠线一般为圆弧线或波浪线，且常绿的阔叶树多表现为浓密的叶子，或在树冠内加画平行斜线，落叶的阔叶树多用枯枝表现。同时需要引起注意的是，在园林设计图中，表示树木的圆圈的大小应与设计图的比例吻合，即图上表示树木的圆圈直径应等于实际树木的冠径。树木平面画法并无严格的规范，实际工作中可根据实际的构图需要创造不同的画法（图9-1、图9-2）。

当表示几株相连且相同树木的平面时，应互相避让，使图面形成整体（图9-3）。当表示成群树木的平面时，图可连成一片（图9-4）；当表示成林树木的平面时，可只勾勒林缘线。相同相连树木的平面画法与大片树木的平面表示方法如图9-5所示。同时根据不同的表现手法可以将树木的平面分四种类型。

1）轮廓型：树木平面只需要用线条勾勒出轮廓，线条可粗可细，轮廓可光滑，也可带有缺口或尖突。

2）分枝型：在树木平面中只用线条的组合表示树枝或枝干的分杈（图9-6）。

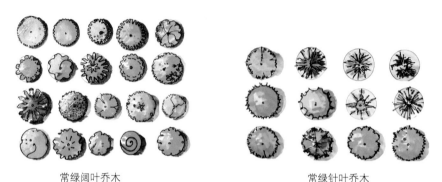

常绿阔叶乔木 常绿针叶乔木

图9-1 常绿乔木平面图

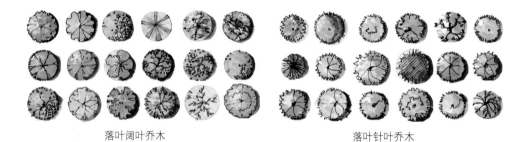

落叶阔叶乔木 落叶针叶乔木

图9-2 落叶乔木平面图

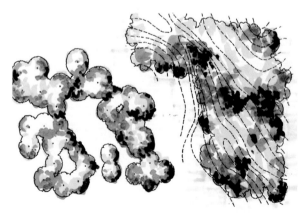

图9-3 几株相连的乔木平面图

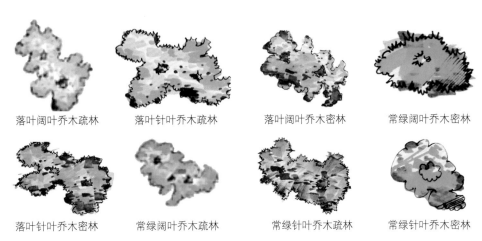

落叶阔叶乔木疏林　　落叶针叶乔木疏林　　落叶阔叶乔木密林　　常绿阔叶乔木密林

落叶针叶乔木密林　　常绿阔叶乔木疏林　　常绿针叶乔木疏林　　常绿针叶乔木密林

图9-4 成群的乔木平面图

图9-5 大片树木的乔木平面图

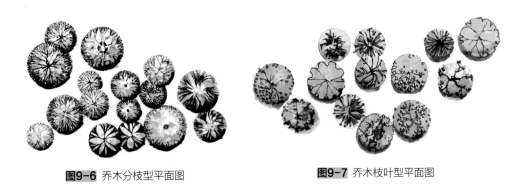

图9-6 乔木分枝型平面图　　　　　　　**图9-7** 乔木枝叶型平面图

3）枝叶型：在树木平面图中既表示分枝，又表示冠叶，树冠可用轮廓表示，也可用质感表示。这种类型可以看作是其他几种类型的组合（图9-7）。

4）质感型：在树木平面中只用线条的组合或排列表示树冠的质感。

二、灌木平面图表示方法

灌木是一类特殊的树木，它没有主干，分为常绿灌木和落叶灌木两大类。常绿灌木又分为针叶常绿灌木、阔叶常绿灌木两大类（图9-8）；落叶灌木分为针叶落叶灌木、阔叶落叶灌木两大类（图9-9）。

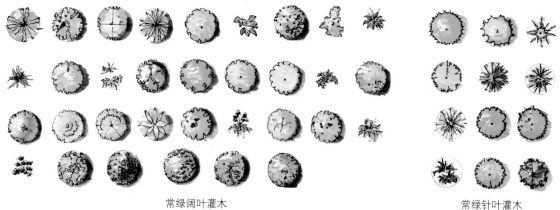

常绿阔叶灌木　　　　　　　　　　　　　　　　　　常绿针叶灌木

图9-8 常绿灌木的平面图

落叶阔叶灌木　　　　　　　　　　　　落叶针叶灌木

图9-9 落叶灌木的平面图

　　单株灌木的平面画法与乔木相同，灌木在园林中多以群体的形式出现。由于群体灌木的枝叶互相穿插和渗透，已无法用单株灌木的表现形式来区分各自的轮廓，故需要另外的图例来表示。自然式栽植灌木丛的平面形状多不规则，修剪的灌木和绿篱的平面形状多为规则的或不规则但平滑的。通常修剪的规模灌木可用轮廓、分枝或枝叶型表示，不规则形状的灌木平面宜用轮廓型和质感型表示，表示时以栽植范围为准（图9-10～图9-13）。

质感型　　　　　　　　　　　　　　　　　　分枝型

图9-10 灌木绿篱的平面图

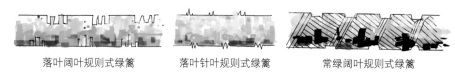

落叶阔叶规则式绿篱　　　落叶针叶规则式绿篱　　　常绿阔叶规则式绿篱　　　常绿针叶规则式绿篱

图9-11 规则式绿篱的平面图

图9-12 自然式绿篱的平面图

落叶阔叶灌木疏林　　落叶针叶灌木疏林　　落叶阔叶花灌木疏林　　常绿阔叶灌木疏林　　常绿针叶灌木疏林　　常绿阔叶花灌木疏林

落叶阔叶灌木密林　　落叶针叶灌木密林　　落叶阔叶花灌木密林　　常绿阔叶灌木密林　　常绿针叶灌木密林　　常绿阔叶花灌木密林　　竹类

图9-13 各种自然式绿篱的平面图

三、草本平面图表示方法

园林景观中的花草多以群体形式出现，其表示方法也多种多样。在平面图中，宜采用轮廓勾勒和质感表现的形式。应以地被栽植的范围线为依据，用不规则的细线勾勒出地被的范围轮廓。而画草坪时，一般采用打点法、小短线法及线段排列法。用打点法画草坪时，点应该有疏有密，凡在草地边缘、树冠线边缘、建筑边缘的点一般画得密些，然后逐渐越画越稀。这种画法既快又有整体性，疏密相间，生动自然。用小短线法画草坪则是将小短线排列成行，每行之间的间距相近排列整齐。而线段排列法要求线段排列整齐，行间有断断续续的重叠，也可稍许留些空白或行间空白。另外，也可以用斜线排列表示草坪，排列方式可规则，也可随意（图9-14、图9-15）。

打点法　　　　　　　　　　小短线法

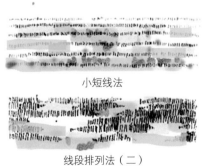

线段排列法（一）　　　　　线段排列法（二）

线段排列法（三）　　　　　线段排列法（四）

图9-14 草坪平面图

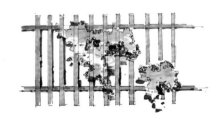

图9-15 地形中的草坪平面图

图9-16 藤本平面图表示方法   **图9-17** 水生植物平面图表示方法

四、藤本植物平面图表示方法

藤本植物是园林中优美的垂直绿化材料。它们借助其吸盘、卷须攀登高处，或借助蔓茎向上缠绕和垂挂覆地，从而构成丰富的立面景观。因此，在园林设计图中，也需要将其表达出来（图9-16）。

五、水生植物平面图表示方法

水生植物是水体景观中重要的绿化要素，在设计中，它也是以群体的形式出现，其画法与灌木丛的表示方法类似（图9-17）。

第二节 各类型植物立面图

自然界中的树木千姿百态，各具特色。各种树木的枝、干、冠构成以及分枝习性决定了各自的形态和特征。在画树时，应先观察各种树木的形态、特征及各部分的关系，了解树木的外轮廓形状，整株树木的高宽比和干冠比，树冠的形状、疏密和质感等。在画树的立面图时，应该省略细部，高度概括，画出树姿，夸大叶形。同样根据植物形态特征将其分为乔木、灌木、草本、藤本、水生植物类型，分别论述立面图的表示方法。

一、乔木立面图表示方法

树木的外形主要取决于树冠的轮廓，我们大体可以把树冠轮廓概括为几种几何形体，如球形、椭圆形、圆锥形、圆柱形、匍匐形、伞形、垂枝形、塔形等。树木的立面表示方法也可分成轮廓、分枝、枝叶和质感等几大类型。树木的立面表现形式有写实的，也有图案化的或稍加变形的，其风格应与树木平面和整个图面相一致（图9-18～图9-22）。

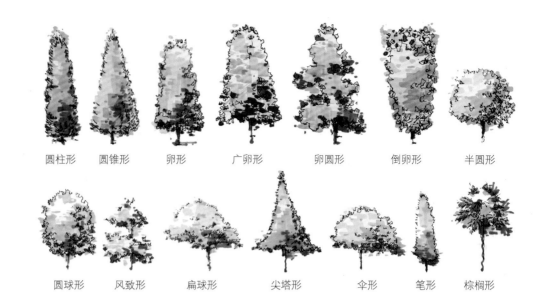

| 圆柱形 | 圆锥形 | 卵形 | 广卵形 | 卵圆形 | 倒卵形 | 半圆形 |

| 圆球形 | 风致形 | 扁球形 | 尖塔形 | 伞形 | 笔形 | 棕榈形 |

图9-18 乔木立面基本形状

图9-19 乔木其他立面形状

图9-20 乔木立面图（一）

图9-21 乔木立面图（二）

图9-22 乔木枝干立面图

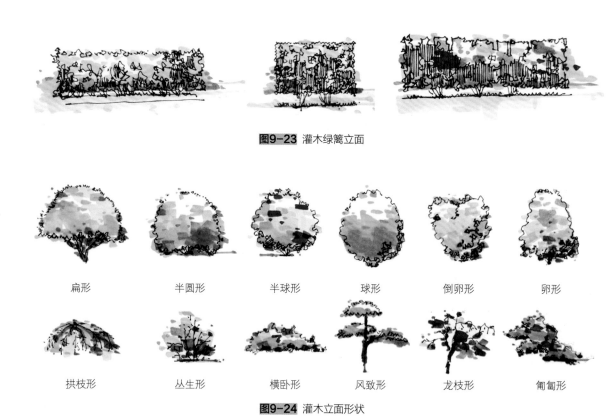

图9-23 灌木绿篱立面

扁形	半圆形	半球形	球形	倒卵形	卵形
拱枝形	丛生形	横卧形	风致形	龙枝形	匍匐形

图9-24 灌木立面形状

二、灌木立面图表示方法

灌木立面图表示方法与乔木立面图表示方法一致，具体参照图例（图9-23、图9-24）。

三、花草、藤本、水生植物立面图表示方法

花草的立面画法以形象为主，讲究直观效果，而草坪的立面图则用小线点来表示。藤本植物和水生植物的立面图在园林设计中应用较少，表示时根据植物形态表达出直观效果即可。

第三节　各类型植物效果图

　　树木的透视画法最为复杂，在画树时，要研究和掌握树的形态和姿态，不必一枝一叶地刻画。要把树木看成整体，注重它的体积感，不仅要表现其正面，还要表现它的顶面和侧面的枝叶，同时还要画出树叶间的空隙以及透露的背面枝叶。凡是树木四周长有大枝、小枝与叶子，它的叶子常常自然地组成一团。画叶子稀少的树时，仍要体现出叶子组团如球形的感觉，才能获得良好的透视效果。

　　自然界的树干是向四周生长的，不仅有左右弯曲，还有前后仰俯的透视变化。如果不把枝干的前后穿插关系表现出来，画出的树往往像剪纸那样，没有前后上下的立体感。树木的树干组成有多种类型，有些树干的主干明显，而有些树木没有明显的主干；有的树枝呈放射状排列，还有的树枝是自上而下，逐渐分权。画树时应仔细观察不同树种之间枝干结构的区别，同时，也要注意枝干结构的空间感。

　　因为树是立体的，只有将树枝前后和内外的空间层次画出来，树才有立体感。树叶的表现也是树木透视画法的要点之一，要想表达出树木的体积感，就需要借鉴投影画法。一棵枝叶繁盛的树在阳光的照耀下，树冠显示出明暗差别，迎光的一面很亮，背光的一面很暗，至于里层的枝叶，完全处于阴影之中，所以最暗。通常上部明，下部暗，左右迎光面亮，背光面暗，里层枝叶最暗。按照这样的明暗关系来画树，就可以分出层次，表现出一定的体积感。画树木透视图的一般步骤为以下几步。

　　1）确定树木的高宽比，画出四边形外框，若外出写生，可以伸直手臂，用笔目测出大约的高宽比和干冠比。

　　2）略去所有细节，只将整株树木作为一个简洁的平面图形，抓住主要特征修改轮廓，明确树木的枝干结构。

　　3）分析树木的受光情况。

　　4）最后，选用合适的线条去体现树冠的质感和体积感，主干的质感和明暗，并用不同的笔法去表现远、近、中景的树木。

　　树木的表现有写实的、图案式的和抽象变形的三种类型。写实的表现形式较尊重树木的自然形态和枝干结构，冠叶的质感刻画得也比较细致，显得较逼真，即使只用小枝表示树木也应力求其自然错落。图案式的表现形式较注重树木的某些特征，如树形、分枝等，并加以概括，以突出图案的效果，因此，有时并不需要参照自然树木的形态便可以很大程度地发挥，而且每种画法的线条组织常常很程式化。

　　抽象变形的表现形式加进了大量抽象、扭曲、变形的手法，使画面别具一格。根据乔木、灌木、草本、藤木等不同植物类型形状的不同，其效果图表示方法分别如下所示。

一、乔木效果图表示方法

　　画乔木时，应先画枝干，枝干实际构成了整株乔木的框架。画枝干应注意枝和干分枝习性。枝的分枝应讲究粗枝的安排、细枝的疏密以及整体的均衡。主干应讲究主次干和粗枝的布局安排，力

落叶阔叶乔木	落叶针叶乔木	常绿阔叶乔木	常绿针叶乔木	细叶型乔木
枫香	棕榈	椰子	酒瓶椰子	苏铁

图9-25 乔木效果图表示方法

求重心稳定、开合曲直得当，添加到小枝后可使树木的形态栩栩如生。

树木的分枝和叶的多少决定了树冠的形状和质感。当小枝稀疏、叶较小时，树冠整体感差；当小枝密集、叶繁茂时，树冠的团块体积感强，小枝通常不易见到。树冠的质感可用短线排列、叶形组合或乱线组合法表现，而树冠也可分为球形、椭圆形、圆锥形、圆柱形、匍匐形、伞形、垂枝形、塔形等几何形体。

其中，用短线法或线段排列来表现像松柏类的针叶树，叶形和乱线组合法以及自然曲线来表现阔叶树。在效果图中，树木也有近、中、远景之分，因此，短线法也可表现近景树木的叶形相对规整的树木，叶形和乱线组合法也可表现近景中叶形不规则的树木（图9-25）。

树木的层次感可以用明暗关系来表达，在同一幅图中，也应该用明、暗、灰三种光影关系来表达不同层次的远、中、近景。在表达时，不同树木在叶形上也应该有所区别（图9-26～图9-32）。同时，还应注意的是树木的平面、立面、效果图应该相互联系，在尺度上也应该相互呼应，以达到和谐统一（图9-33）。

二、灌木效果图表示方法

在画灌木的效果图时，应先从形态形象着手，画法与乔木类似，常用线描法画出轮廓后，在轮廓线内用点、圈、三角、曲线表示花叶，通过明暗关系将立体感反映出来（图9-34）。

图9-26 近处暗，远处清淡

图9-27 近处亮，远处暗

图9-28 利用高光表示层次

图9-29 几种不同的明暗调子的变化

图9-30 近树明处亮、暗处深，远树灰而平淡

图9-31 前树的笔触重，后树的笔触轻

图9-32 远树不宜强调叶的笔触

图9-34 灌木效果图表示方法

树木平面

树木立面

树木效果

图9-33 乔木平面图、立面图及效果图的表示方法

图9-35 藤本植物效果图表示方法

三、藤本植物效果图表示方法

藤本属于攀爬植物，作为墙、廊、架的绿化，具有遮光美化的效果，可用自由活泼的线条来表现（图9-35）。

四、花草的效果图表示方法

花草是景观中的点睛之笔，表现时常用勾勒轮廓和质感表现的形式来描绘，应以其栽植的范围为依据用不规则的细线勾勒出其轮廓；而草坪则用小短线、小曲线，按照近大远小的透视原理，近实远虚的空间变化，用疏密的线条进行排列，行间既可断断续续地重叠，也可留些空白、渐变，还可采用乱线画法。

五、水生植物效果图表示方法

水生植物作为水体景观的一部分，在表达时也应该从不同水生植物的形态形象着手进行刻画，表现出立体透视效果即可。

作业

1. 请根据植物平面图例的原理，画出30种乔木平面图例，要求表达出植物的分枝点及植物枝叶外观，能通过平面图例展现出植物特性。

2. 请参考示例画出20种乔木立面图，要求展示出乔木的树形、枝叶外形及色彩等植物形象。

3. 请参考示例在花园里写生5组植物群落景观。

第十章
植物景观设计方法

植物景观设计是从无到有创造的一个立体植物空间，通过植物大小疏密可以创造私密与开敞的不同空间形态，利用植物习性可以创造四季变化的不同色彩空间，以及具有不同植物气息的氛围感受。从植物景观空间的外部和内部可以体验不同的视觉效果，从而可以全面观测到植物群体效果。为了充分展现植物不同尺度和观赏面的效果，植物设计时需要从平面、立面、透视效果甚至鸟瞰效果等方面充分进行表达（图10-1）。

第一节　植物设计的原理

一、植物设计的原理

1. 植物设计的美学原理

植物设计美学遵从艺术美学，具体来说包括对称与平衡、多样与统一、对比与协调、韵律与节律、比例与尺度、主景与配景（图10-2）。

对称与平衡：空间中的植物左右、上下大小体量给人以均衡的感觉，可以通过完全对称的方式，也可以通过不对称平衡的方式。

多样与统一：在整体设计上要求风格统一，这样在基调树种的选择上匹配和谐；同时选择更多的植物进行搭配，形成景观丰富的效果。

对比与协调：这是设计中的重要手法，通过大小对比、色彩对比、质感对比等形成反差性效果，具有很强的张力；同时选择一种或多种柔和折中的植物进行调和，整个植物空间既有鲜明的对比，整体效果没有违和感，达到统一协调。

图10-1 植物景观从正上空经过
侧上空往下到地平面，可以形成
平面图、鸟瞰图、透视图及正立
面图，从而全方位看清植物的空
间层次关系

图10-2 植物设计的美学原理

图10-1
图10-2

对称与平衡　　　　　多样与统一　　　　　对比与协调

韵律与节奏　　　　　比例与尺度　　　　　主景与配景

　　韵律与节奏：植物的序列变化可以形成空间的韵律，通过植物合理的配置，如组图重复、渐变等手法可感受到节奏的动感，尤其在行车道路景观上，这样的手法用得尤其多。

　　比例与尺度：根据空间大小可选择不同体量的植物类型以及不同大小的组团结构，如在庭院中除个别庭荫树采用大乔木以外，更多地采用灌木和花草，形成尺度宜人的空间；相反在大型公园或城市广场中，则尽可能多用大乔木与场地尺度协调。

　　主景与配景：为了表达场地景观的特点，采用适合的植物进行造景，突出主题，并处于显要的位置，展现植物特别的美，比如桩景树等，而其他植物则是在一定范围以外陪衬成为配景。

2. 植物设计的观赏原理

以植物观赏特性进行设计，根据植物大小、疏密设计不同层次的空间；根据植物四季变化选配合适的植物设计四季有花、四季不同景的效果；在同一个空间中根据植物不同色彩设计变化的视觉效果（图10-3）。

3. 植物设计的功能性原理

植物设计要符合场地功能特性选择合适的植物种类和数量。道路广场空间宜选择枝下高较高、干直的大乔木便于行人通行和提供林荫。而在城市小游园、公园中，需要选择各种形态的植物塑造不同的空间供休憩、观赏使用。在湿地、雨水公园中则强调植物的生态性，无论在干、湿环境中都能茁壮生长，提供良好的观赏效果的植物（图10-4）。

4. 植物设计的可行性原理

良好的设计方案需要落地执行，这需要和苗木市场得到有效的沟通，并确保在立地环境中可以生长良好，且在后期可以方便管理、成活率高，最重要的还得考虑价格是否在预算范围里。这些要素都是能顺利落地必须考虑的环节（图10-5）。

图10-3 植物观赏特性是设计中重要因素

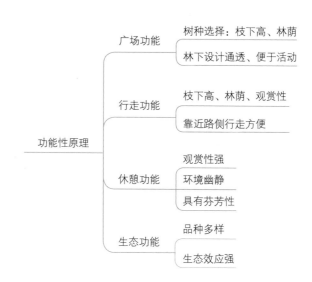

树种选择：枝下高、林荫

广场功能

林下设计通透、便于活动

枝下高、林荫、观赏性

行走功能

靠近路侧行走方便

功能性原理

观赏性强

休憩功能　环境幽静

具有芬芳性

品种多样

生态功能

生态效应强

图10-4 植物设计的功能要素

可行性就是可实施性，主要包括

苗木能采购　　　设计用的苗木可以购买得到

价格合理　　　设计用的苗木价格合理，可控制成本

可行性原理

生长无障碍　　　设计用的苗木在当地可以很好地生长

管养便利　　　设计用的苗木管养便捷，不用采取过多的措施

图10-5 植物设计的可行性要素

二、植物设计的形式

植物的设计形式包括孤植、对植、列植、丛植、群植、林植（图10-6）。

1. 孤植

选择树形奇特、观赏性较好的植物，通常独自一棵种植在空旷的草坪、砂石、水面等中，全面观赏树的姿态、色彩或者花朵等（图10-7）。

2. 对植

包括规则式和不规则式对植，在重要的入口或通道，通过对植的方式强调其重要性，突出出入口效果。规则对植通常选用同样规格、造型的同种植物，不规格的

图10-6 园林植物的种植形式

图10-7 孤植的种植示例

图10-6
———
图10-7

孤植　　　　　　　　对植　　　　　　　　列植

丛植　　　　　　　　群植　　　　　　　　林植

对植虽然采用的造型、种类不同的植物，但在视觉及心理上重量相同、协调、平衡（图10-8）。

3. 列植

列植是沿着一条线性路径进行种植，可以是道路、沿河。植物的选择可以是同种植物，也可以是2~3种植物有规律间植。列植可增强线的韵律、节奏（图10-9）。

4. 丛植及群植

几种（3~6种）不同大小、疏密质感的植物按照不规则均衡的三角形布局单元进行叠加设计，形成空间饱满的丛状植物群落景观叫作丛植。丛植的叠加（6株及以上）形成群植（图10-10）。而林植是更多数量植物的叠加（30株以上）。

三、植物景观平面的动线设计

所有植物景观都是在身体移动过程中通过视线进行观赏的，这里称之为动线。植

图10-8 对植的种植示例（一）

图10-9 列植的种植示例（二）

图10-10 丛植、群植的种植示例

图10-8
图10-9
图10-10

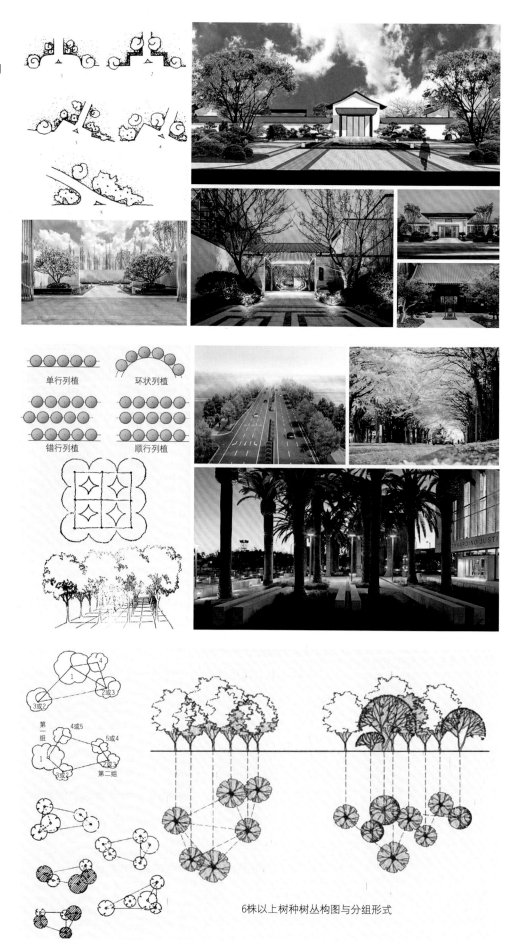

6株以上树种树丛构图与分组形式

在静态空间中添加活动要素

封闭式水平空间

垂直空间

开敞式水平空间

开敞空间

视线

在线性空间中添加活动要素

在动线中布置围合空间

在动态西侧布置围合空间

图10-11 乔木临路会将视线向空中引导

物景观空间层次的展开就是通过动线进行逐步展示的，而植物设计反过来可以控制动线过程中的视线焦点转移位置，引导动线快慢节奏，影响观者情绪。通过植物空间的开敞、封闭不同张弛度，引导行人行走、停留的行为。植物空间设计围绕动线展开，从动线往外推植物从草坪、花卉、灌木、乔木由低到高逐步排开，形成弧线形视线。沿着动线植物设计可以开合适宜、疏密有致（图10-11）。

第二节　植物景观平面设计

一、植物景观平面设计的形式类型

植物景观设计类型包括规则式和自然式。规则式以几何图形为底图，在此基础上进行植物布置，可形成序列感强的植物空间形态。这种规则布置可以是单种植物的运用，也可以是多种植物的组合。植物可以是自然状态，也可以是修剪得整齐的团。自

图10-12 植物设计的类型

规则式　　　　　自然式

混合　　　界面

引导

规则式、自然式、混合式

然式是指整个布局形成错落的空间形态，就是上面讲到的丛植、群植、林植。混合式是指前面两者都可兼顾（图10-12）。

二、自然式植物景观平面设计的方法

自然式植物设计中包括主树、辅树、对植树、前植树、补充树。主树是整个自然组团中的核心树，也是组团中最高的树，布置在核心位置；辅树指树形与主树协调，对主树起着烘托作用，高度仅次于主树。对植树是与主树、辅树在观赏及树形方面有相反感觉的树种，前两种树的补充树。前植树是补充前三种树的形状，联络树木与地表面的低矮树。补充树是前四种树之外从形态、大小和色彩上进行调和的树种（图10-13）。

图10-13 自然式植物设计方法

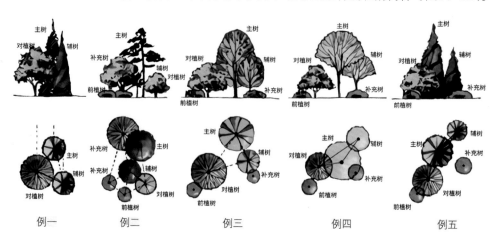

例一　　　例二　　　例三　　　例四　　　例五

以此为单元进行叠加，可形成群植的植物群落效果（图10-14）。

植物平面图的设计过程：确定主树、辅树的位置；确定对植树、前植树的位置；确定补充树的位置；确定花卉、草坪的位置。根据树木高度从上往下画，明确空间结构关系（图10-15）。

图10-14 自然式植物群植效果
图10-15 自然式植物种植设计
及平面图绘制过程

图10-14
——
图10-15

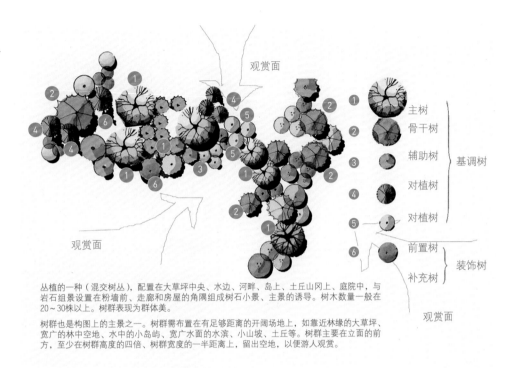

观赏面

观赏面

主树
骨干树
辅助树
对植树
对植树
前置树
补充树

基调树

装饰树

观赏面

丛植的一种（混交树丛），配置在大草坪中央、水边、河畔、岛上、土丘山冈上、庭院中，与岩石组景设置在粉墙前、走廊和房屋的角隅组成树石小景、主景的诱导。树木数量一般在20～30株以上。树群表现为群体美。

树群也是构图上的主景之一。树群需布置在有足够距离的开阔场地上，如靠近林缘的大草坪、宽广的林中空地、水中的小岛屿、宽广水面的水滨、小山坡、土丘等。树群主要在立面的前方，至少在树群高度的四倍、树群宽度的一半距离上，留出空地，以便游人观赏。

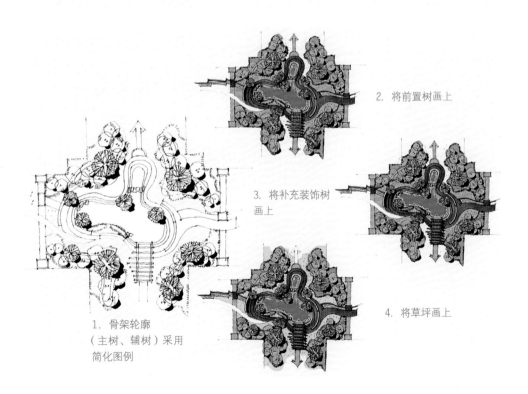

1. 骨架轮廓
（主树、辅树）采用
简化图例

2. 将前置树画上

3. 将补充装饰树
画上

4. 将草坪画上

作业

1. 植物如何在平面图上表达各自特征?

2. 植物如何布局才让景观层次丰富而不凌乱?

3. 图10-16中的秩序有哪些?

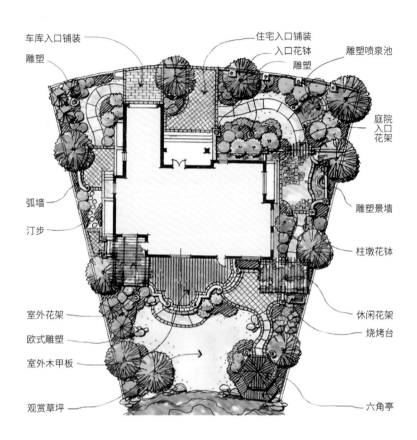

车库入口铺装
住宅入口铺装
入口花钵
雕塑
雕塑喷泉池
庭院入口花架
弧墙
汀步
雕塑景墙
柱墩花钵
室外花架
欧式雕塑
室外木甲板
休闲花架
烧烤台
观赏草坪
六角亭

图10-16 植物布局平面图

第三节　植物景观立面设计

一、空间形成过程

从平面设计到立面设计的转换过程,是形成空间开合的过程。平面上围合的植物,如果在立面上远远低于视线,那么平面上的围合是构不成视线层面的围合,达不到密闭效果的。立面上合理的高度才是最终可以控制空间开合的有效手段(图10-17)。

二、空间情感设计

植物的形态各异、高低不同,可以营造丰富的情感空间。页面大小厚薄、紧实疏

图10-17 立面开合空间形成过程

图10-18 植物形态特征立面图

图10-17

图10-18

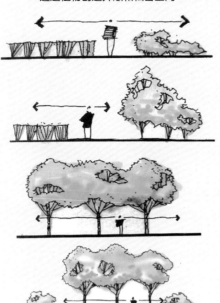

通过植物创造开敞和私密空间

开敞空间

利用低矮灌木和地被植物对空间界定。空间私密性弱，不遮挡视线。可限定人的流线。

半开敞空间

对空间有一定限度。在开放空间一侧运用较高的植物组合构成对单面的封闭。形成较密实的界面。限制视线。而限度较弱的一面成为景观视线方向。

覆盖空间

利用有浓密枝叶和较大树冠的高大乔木构成顶部覆盖而四周开敞的空间。常选用分枝点高的树木。树冠遮阳。人可在树下活动。水平向的开敞使人视野开阔。

封闭空间

如在覆盖类型的空间两侧以低矮的灌木加以限定，则形成封闭空间。隐蔽性强。和周围环境相对隔离。视线和流线受到严格限制。

密可以造就严肃与轻松的不同氛围；植物四季变化、开花结果都可以创造变化的情感细节。立面设计时需要充分考虑植物的这些特征，合理配置，设计出空间层次丰富、质感饱满、四季变化纷呈、色彩丰富的感性空间，可以创造出雄伟、温柔、肃穆、随和等不同情感的空间（图10-18）。

三、乔木丛植与地被立面设计模型

空间层次丰富、疏密有序的立面设计，从植物高矮、冠幅、形态、质感上进行搭配，形成错落有致的群落结构（图10-19）。

植物空间设计中所涉及的苗木形态主要有以下集中，典型植物组团的
种植就是在这些形态的基础上配植产生的：

1　圆冠阔叶大乔木（如法桐、元宝枫、国槐、白蜡等）

2　高塔形常绿乔木（如桧柏、铅笔柏、大云杉等）

3　低矮塔形常绿乔木（如小云杉<2~3m>、翠柏球等）

4　小乔木（如紫薇、紫叶李、玉兰、碧桃等）

5　团型灌木（如榆叶梅、金银花等）

6　可密植成片的灌木（如棣棠、迎春、锦带等）

7　普通花卉型地被（如菊类、福禄考、景天、鼠尾草等）

8　长叶型地被（如鸢尾、萱草、玉带草、狼尾草、芒类等）

植物设计总体风格是以组团式、层次错落的自然式种植，
根据其所在不同区域，具体的配植手法又有不同。

图10-19 植物群落景观立面设计模型

作业

1. 立面练习

立面设计示意：想象不同树种的样子：大小、形状、色彩、质感，根据植物的形态大小布置高低错落的立面空间，请将图10-20立面图
绘制出来，45分钟。

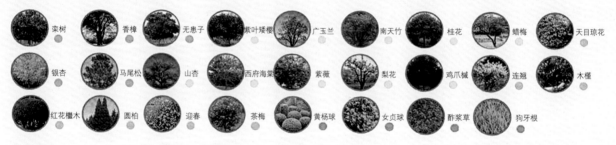

参考建议：
1. 栾树+银杏——山杏+紫叶矮樱+西府海棠——天目琼花+连翘+木槿——黄杨球+女贞球。
2. 香樟+马尾松——广玉兰+紫薇+南天竹——红花檵木+圆柏——酢浆草。
3. 银杏+无患子——梨树+桂花+鸡爪槭+蜡梅——迎春+茶梅+大叶黄杨——狗牙根。

图10-20 立面设计示意图

2. 植物与构筑物立面关系联系

绘制图10-21立面图，理解植物与构筑物之间的高差关系。

图10-21 植物与构筑物立面关系

第四节　植物景观空间设计

植物的平面布局与立面高度设计结合，确定了植物群落的空间关系。除了植物群落之间搭配以外，更多需要考虑植物与构筑物之间的搭配关系，尤其是接近构筑物的地方，需要考虑植物的生态要素、质感、大小及形态，形成对话与相互衬托（图10-22）。

图10-22 植物与构造物空间关系

灌木意向图片 SHRUB IMAGES

八宝景天　　　马蓝　　　假龙头　　　地被菊（粉、紫、白）

麦冬　　　剪秋萝　　　蜀葵　　　常夏石竹

大叶黄杨球　　　桧柏球　　　锦熟黄杨　　　北海道黄杨绿篱　　　玉簪

图10-23 植物设计与表达

第五节　植物景观设计案例分析

　　案例一：该项目基地不大，容积率高，如何在高密度的建筑空间内打破惯有思维，营造不一样的花园空间？首先，该项目采用非常规整的植物种植手法，植物配置遵循极简主义的原则，将小空间分解成不同花园空间；其次，在每个小花园充分利用叶片对比的手法，先用不同高低的修剪灌木做植床；再次，将直线条灌木搭配其中拉出强烈的叶片对比，其间配上不同叶片形态的宿根类花卉，丰富色彩对比，同时在中高层空间用丛生小乔木丰富中下层空间。如此通过植物的高低层次，给观赏者带来不同的竖向景观视觉感受，打造出一片清新的环境（图10-23）。

　　案例二：某庭院植物设计

　　（1）现场分析，确定场地范围边界形式、出入口，从而确定动线及观赏面（图10-24）；

　　（2）梳理业主功能及审美需求，对树种的特殊要求等（图10-25）；

　　（3）根据功能单元，确定单元平面、立面植物观赏形态（图10-26）；

在平面上，对每个墙体单元有关大小、形状、密度和功能需求的记录，有助于统揽大局。

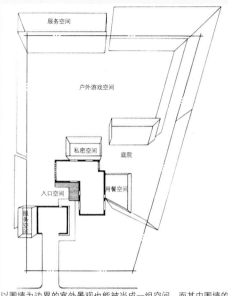

以围墙为边界的室外景观也能被当成一组空间，而其中围墙的功能与房子墙体的功能是非常相像的。

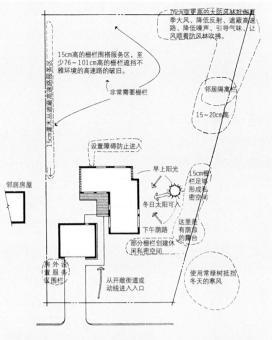

在平面图上，对每个墙体单元作有关大小、形状、密度和功能需求的记录，会有助于设计师统揽全局。

图10-24 确定范围边界形式及建筑体功能空间，确定庭院各单元使用意向

功能分区
梳理基地及周边的空间关系合理安排基地结构

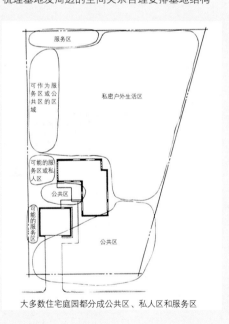

大多数住宅庭园都分成公共区、私人区和服务区

绘制"泡泡图"，是粗略分划区域和标明道路系统的好方法。

动线分析
从各建筑出入口进入到庭院的行走路线分析，确定植物观赏面。

图10-25 确定功能及动线

（4）结合动线、功能单元的条件，规划平面草图（图10-26）；

（5）根据平面、单元植物设计，调整最终的平面布局（图10-27）；

（6）通过立面、透视效果图表达植物设计意图（图10-27）。

图10-26 确定单元的平面、立面植物形态

图10-27 确定总平面及效果示意图

图10-26
———
图10-27

根据功能分区，对每个单元进行整体分析，最每个单元进行最佳组合设计。

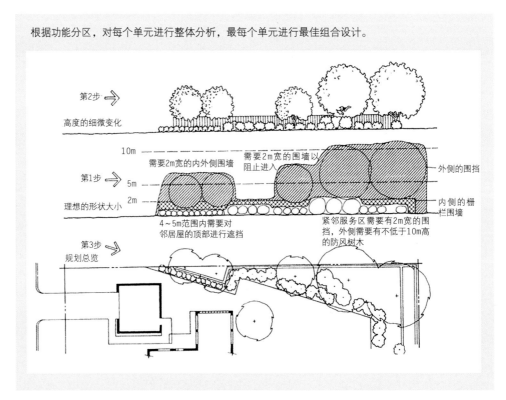

将每个组团的平面、立面设计完善整合，最终形成了完整的平面布局方案图，并通过方案画出透视效果图

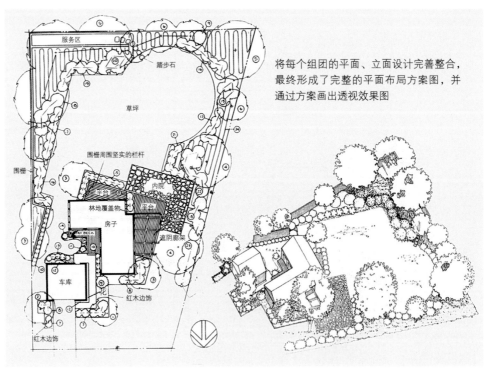

作业

1. 平面图绘制练习（45分钟）

请绘制图10-28平面图，体会植物图例画法、植物之间的布局关系以及不对称平衡的设计手法

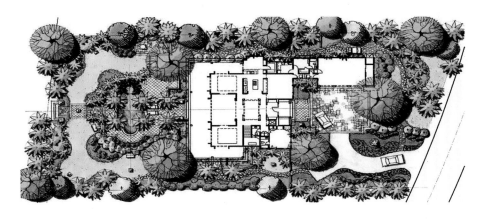

图10-28 平面图绘制（一）

2. 请用A1图纸将图10-29绘制出来

请注意植物与构筑物之间的比例关系，以及植物在更大空间维度中的空间关系

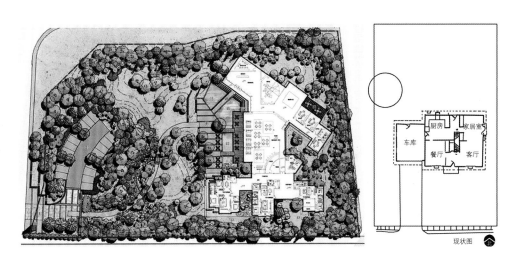

现状图

图10-29 平面图绘制（二）

3. 庭院植物设计

（1）内容

1）根据现场出入口及建筑房间布局情况，对庭院进行功能分区，并作出功能分区图（1:200）。

2）根据功能及出入口设计动线及驻留点，并作出动线及驻留点示意图（1:200）。

3）根据每个功能分区作出该单元的平面和立面分析图（1:50）。

4）根据各单元的平面方案汇总整体平面方案图（1:100）。

5）画出庭院的鸟瞰效果图。

（2）表达形式

1）采用A3图纸，装订成册。

2）彩色，表达手法不限。

第十一章
植物景观设计实例

第一节　小型绿地植物设计实例

　　小型绿地设计强调细节变化、强调细微的感受。因此，小型绿地设计需要对场地做充分的分析，包括：场地四周范围（建筑体、围墙、交通等）的出入口及人流量、人流走向的分析，以便确定场地的交通组织动线及功能划分；立地环境的采光分析、土壤分析，以便选择适宜的植物类型；场地特性分析（私人空间抑或是公共空间），以便确定植物选择数量及观赏需求；气候特征，以便选择适宜的四季植物品种。

　　案例：庭院景观设计

　　庭院对中国人来说，是人们生活起居的重要场所，是室内功能的一种延续。如农家庭院一样，是收获季节作为农作物晾晒使用的场所，也是与近邻交往的悠闲空间（图11-1）。

　　庭院密切联系着住宅主人的生活习惯和日常活动。家与庭院是一个整体，所以才产生了"家庭"一词。由此可见，住宅和庭院的构思应是家庭生活化的设计。

一、确定甲方的意图

　　结合生活方式的庭院总体构思，需要针对甲方的想法，理出头绪，归纳成要点。

　　1）考虑庭院在日常生活中所起的作用：其作为"实用庭院"或"观赏庭院"的用途要明确。

　　2）决定庭院场所各部分使用的目的与用途：前庭院、主庭院、后庭院等应结合庭院的空间自由决定。

图11-1 体现生活化的设计作为生活空间的庭院

图11-2 简易的庭院

3）结合住宅考虑设计方案：本着住宅一体化和空间延伸的意识，针对无机质的现代住宅，重点在柔化植物生硬感的线条和弯曲度方面下功夫。

4）要结合周围的景观一起考虑：要有公共利益意识，设计要在兼顾邻居和街道的绿化上下功夫。

5）量力而行确定适合的范围：确定自己究竟能做哪些事，以及这部分的费用核算。

6）找出狭小庭院的焦点：不能这也想要那也想做，应抓住重点，使整体印象清晰。

7）做出取舍：植株和石材等都有自己的个性，应恰如其分地取舍、组合。

8）确定庭院家具及小品选择：确定活动空间需求、造景需求和小品景观需求。

围绕上述8点，制定出具体的庭院修建计划，尽量避免中途变更，避免结果与想象相差甚大。在着手之初做好这些准备工作，对修建庭院来说非常重要。

即使没有足够的空间，也同样可以修建简易的庭院。在玄关廊的角落摆上水钵，背景辅以季节性的绿色植物，一样能表现庭院与居室的融合感（图11-2）。

现在让我们结合实例来说明如何设计与现代住宅协调的庭院。在进入案例之前，确定甲方的意图这一步骤可使庭院空间的设计更舒适。

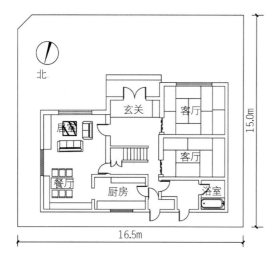

图11-3 准备配置图

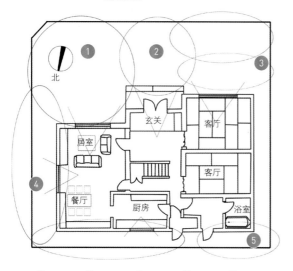

❶主庭院 ❷前庭院 ❸坪庭院 ❹侧庭院 ❺后庭院

图11-4 功能分区

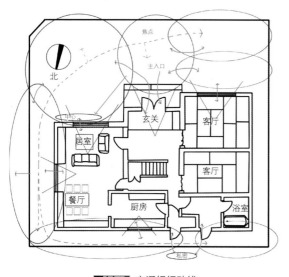

图11-5 交通组织动线

二、先根据甲方的需求进行空间配置

庭院特别强调视觉要素，所以为了想象出整个空间，先在图纸上进行空间的配置。设计庭院并不是心血来潮地买来树木，种上后再摆上石灯笼这么简单，而是要使整体宅地平衡美观，形成快乐的生活空间，如同布置室内家具一样。设计时要一边想象如何配置雕塑配景、石灯笼、阳台和植树，一边动手去摆设，这才是庭院设计的步骤。以图11-3为例，约247m²的宅地大致成正方形，东与南两个方向面对道路。为便于从室内观赏的角度进行想象，以图纸上端为南来构思修建庭院的计划。确定甲方的意图后，再进行场地配置，包括需要采购和修筑的景观小品、景观亭廊和造景，通过讨论初步确定内容。

三、现场分析及规划

1. 场地的功能分区分析

所谓功能分区，就是以全部宅地作为生活空间，发挥其最大的效用，并创造出一个令人心情舒畅的环境，从而针对每个具体场所的不同目的对庭院进行分区组合（图11-4）。空间、场所不同，使用目的不同，使用时间不同，自然也就导致了庭院的不同个性。基于对上述内容的把握，在不同的场所，可以通过设计赋予庭院不同的个性。

先从区域划分入手，完成修建庭院的第一步。在区域划分时要注意，虽然庭院属于各家宅地的一部分，但从环境意义上说又具有公共性，所以应尽量结合街区的整体景观，考虑建筑物的协调性等因素，为美化环境做贡献。

2. 场地的交通组织动线分析

通过各个建筑出入口到庭院的路线分析，确定更为重要的植物观赏面，以及主庭院观赏面。前庭院作为"门面"是整个院子的焦点，后庭院布置较为私密，其他庭院观赏面次之（图11-5）。

3. 场地采光分析

根据当地的日照情况，对场地在春夏秋冬四个季节的日照情况进行了分析（图11-6）。

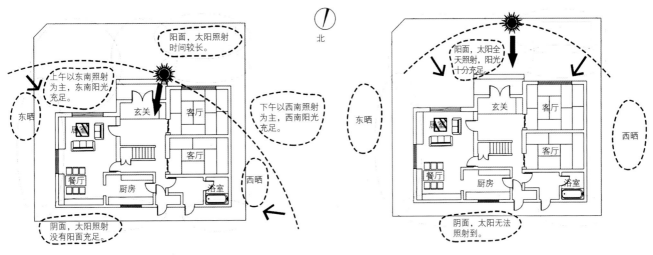

春季、夏季　　　　　　　　　　　北　　　　　　　　秋季、冬季

阳面，太阳照射时间较长。

上午以东南照射为主，东南阳光充足。

东晒

玄关

客厅

客厅

下午以西南照射为主，西南阳光充足。

西晒

厨房

餐厅

浴室

阴面，太阳照射没有阳面充足。

阳面，太阳全天照射，阳光十分充足。

东晒

玄关

客厅

客厅

西晒

厨房

餐厅

浴室

阴面，太阳无法照射到。

图11-6 四季日照情况

四、图纸设计

先设计方案效果；再通过可行性设计，进一步确定想象的内容。

经过区域划分，确定了各个场所基本庭院的个性之后，紧接着针对主庭院、停车棚、通路、侧庭院、餐厅的窗边、浴室的后庭院等各个地带，逐个确定其具体的想象内容。在选择植物时，考虑种植的树木、花草以及地被植物的种类，结合日照等条件。水钵等造景物要从细部进行配置。有无照明需求，选择庭院桌椅等时满足舒适度，这些都需具体落实。

到了这一阶段，最好向庭院设计师等专家们进行咨询，哪些设想是可实现的，哪些是无法实现的，包括各种条件和费用核算等，听听他们的意见。

待沟通后，形成了庭院的平面图。

对于未受过专业训练的人而言，仅有平面图很难看得懂。特别是需要想象的部分，最好能获得专家或专业工作者的指点，通过想象画出房子内部的透视图，这样就可直观看到了。

如居室前的主庭院必须根据实际上坐在居室沙发上的视线来绘制；前庭院必须根据走在玄关通路上的视线，捕捉住瞬间的想象，进行绘制（图11-7～图11-10）。

以上是修建庭院的流程概述。设计的过程本身也是修建庭院的乐趣。

1）拓展居室空间的主庭院

方案1　以鸽子浴盆为景致的庭院

不设置蹲踞，改用自然石材制成的鸽子浴盆为中心，酿造出自然空间。

在石铺的露台上，如果摆上陶制的桌椅，则有日式的风情；摆上铁制等的桌椅组合，可形成具有西式风味的空间（图11-11～图11-14）。

方案2　一个表现日式情趣的庭院景观

在西式风格印象的自然植株的庭院里，只要配上自然石材的水钵及垫石，再铺上少许的砾石，就能体现出日式的风味。与以往寂静的日式庭院不同，在这里，布置

① 以鸡爪槭为基础，加入少量其他种类的植物。浓缩落叶树的种类，形成一个完整的有气氛的空间。

② 过滤泵设置在树荫下，露水打不到且植物不易生长的地方，即木兰的树荫下，用低矮树木遮挡，使人从居室看不见它。

③ 靠近建筑物的地方植以四照花植株，对平台而言，在这个位置如果有树，能挡住夏季的夕照。

④ 流水及石材的结合与对岸简洁的草坪对比反差是精彩之处。因其是以树木为中心的庭院，所以石材也选用充满自然野趣的山上石块，并用植物将石材的组合略加遮挡。为了日常护理方便，流水床底的砾石采用水刷工艺。

⑤ 踏脚石从停车棚经通路到庭院。为体现整体感，统一使用花岗岩，不规则铺设的条状石板，具有节奏感。

图11-7 主庭院效果图

① 用横条百叶窗型的木板墙与停车棚隔开。木板的间隔为5~6mm，通风性能较好。门边短墙用于竹帘墙。石板路用条状花岗岩，保持格调统一。

② 拐角处种植鸡爪槭，在车棚与庭院中间靠停车棚一侧，也同样种上鸡爪槭，增加了庭院的纵深度。

③ 地表保留泥土的原状。若干年后长出青苔，泥土也结实了，将别有一番风味。

④ 修建日式庭院，包括水体、石灯笼等，选用简洁的、具有现代感的设计。

⑤ 青冈栎树墙高约1.8m，木板墙高约为1.6m，使树墙的景致与外围空间连成一片，提升了空间的纵深感。

图11-8 小庭院效果图

① 这里直通后面的主庭院，所以用树木遮挡视线。景致由院门展开，构成一个相对独立的空间，而通过树木缝隙又可窥视主庭院。

② 配置上迎接客人用的水体。庭院里点缀着各季节的花草，时而一片盛开，时而一枝独秀。

③ 在木板墙和露地之间种草，为单调的停车棚增添些许丰富的表情。

④ 放置水钵的垫石与露地上铺设的花岗岩属于同一材料。

⑤ 院门设计简洁，可以小窥庭院。

图11-9 前庭院、停车棚效果图

① 像这样独立的坪庭院，选用竹植株更为适合。它具有不易杂生其他植物且抗阴性较强的优点，但必须注意，若通风不好，极易产生甲壳虫。该庭院种植了四方竹。

② 后庭院铺上白川砾石，提高明亮度，砾石大面积铺设的时候，最好下面先铺上渗透性能较好的不织布，既能压抑杂草的生长，又能防止砾石下榻。

③ 若要设置石灯笼，就要特别注意植物的处理。不可将石灯笼的全景暴露无遗，脚距要隐藏，灯罩上要用枝叶遮挡，若隐若现才能增加它的韵味。

图11-10 侧庭院效果图

① 将蹲踞等景物设置在眼前，其后留有宽敞的空间，提升了庭院的纵深度。

② 选择了鸡爪槭、假山茶、钓樟等植株。树木在视线等高以下分枝要少。

③ 选择具有现代感的石灯笼造型，表现出情趣，体现庭院的亲切感。

④ 平台边种植用来遮阴的树木。

⑤ 平台边种植季节性的下草类。

⑥ 主景物周边种上日本马醉草木、森氏杨桐等，在树荫下也能生长。

⑦ 平台上铺花席子，别有一番风味。

图11-11 主庭院效果图

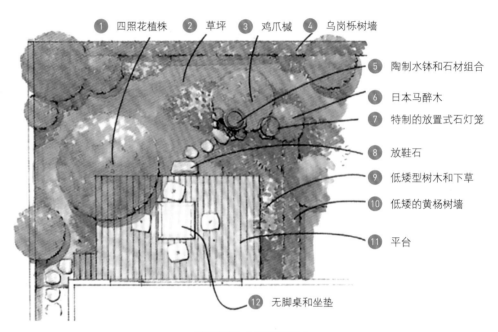

① 四照花植株　② 草坪　③ 鸡爪槭　④ 乌岗栎树墙

⑤ 陶制水钵和石材组合

⑥ 日本马醉木

⑦ 特制的放置式石灯笼

⑧ 放鞋石

⑨ 低矮型树木和下草

⑩ 低矮的黄杨树墙

⑪ 平台

⑫ 无脚桌和坐垫

图11-12 主庭院俯瞰图

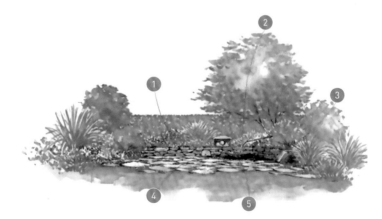

① 石铺的露台后面，用石块砌高一层。

② 用自然石材做或鸽子浴盆引入流水。

③ 使用相当有人气的宿根植物，同时下草类和杜鹃等，也很有趣味。

④ 石铺的露台随着向草坪渐渐靠近，视野缓缓移动，与周边植物交织在一起，自然而亲切。

⑤ 陶制的放置式灯笼与宿根草类等的植物及鸽子浴盆相匹配。

图11-13 以鸽子浴盆为景致的庭院

图11-14 一个表现日式情趣的庭院景观

① 将水钵前的稻草剪除，插入砾石，比较容易融入景致。

② 选用大型平稳的水钵，垫石选择花纹比较好的自然石材。

稻草、花卉植物，形成自然组团，让人们仿佛置身于大自然中，似有趣的事情即将发生。

2）迎接客人的前庭院

方案1　开放式的庭院入门通路（图11-15）

外观开放式庭院入门通路的修建最重要的是让景致融入街区之中。通过采用自然树形，配合近邻的景色，使整个街区变得漂亮起来。传统定式的松树、罗汉松等，在面对道路的半大众化的地带里，不宜推荐使用。另外，在毫不做作的各种自然摆设之中，配置迎接客人来访的水钵等人造景物，提高了整体格调，形成能与现代住宅相协调的静谧的庭院通路。

方案2　在富有纵深度的通路上表现夜之趣的摆设（图11-16）

有一定纵深度的通路比较适合修建以树木为主的庭院。通路整体取"S"形造型，让种植的树木与住宅产生距离感，从视觉上增加了庭院的宽广度，这也就增添了无穷的趣味。

夜间的照明也是玄关通路一带庭院的要点所在。使用地脚灯和向上灯等间接照明的手法，形成白天无法感受的梦幻般的夜景，另有一番乐趣。

3）营造露地，依现代审美观修剪的茶庭院

方案　兼备游玩功能的现代风格的茶庭院（图11-17）

与现代住宅相适应的新审美观念的现代露地，既能举行聚会又可供玩耍，是一个两者兼用的方案。现代住宅既有独立的茶室又有茶庭院的很少，而常见的是将小小的坪庭院作为露地使用，或换个角度将小庭院的空间作为露地使用。在这种现状下，露地将作为平日小孩玩耍或饮茶的空间进行使用。茶道演示会时，露地作为庭院也是很理想的。

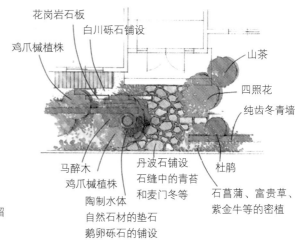

花岗岩石板
白川砾石铺设
鸡爪槭植株
山茶
四照花
纯齿冬青墙
马醉木
鸡爪槭植株
陶制水体
自然石材的垫石
鹅卵砾石的铺设
丹波石铺设
石缝中的青苔
和麦门冬等
杜鹃
石菖蒲、富贵草、
紫金牛等的密植

❶ 选择自然形态优美的树木。
❷ 修种低矮的纯齿冬青树墙。
❸ 树墙和通路间，种绿植。
❹ 水钵体现出了迎接来访客人的心情。
❺ 在通路上不规则铺设的自然石材间多留些缝隙，植以绿色的青苔和麦门冬等。

图11-15 迎接客人的前庭院

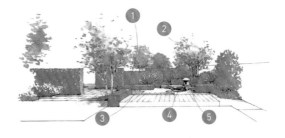

❶ 在通路各个重要部位设置地脚灯，既能保证安全，又能提高空间的纵深感。
❷ "S"形通路，适合用砾石水刷工艺，再适当嵌入石磨盘、旧瓦等。
❸ 基础树种为70%，混合种植为30%。另外，种植下草和一些中型的树木，形成下草、灌木、树木的梯度，静谧而有趣味。
❹ 照明器应不太显眼，用植物隐藏起来。

❶ 高低不一的树墙，多重交叉，错落搭配，小庭院也能产生纵深感。
❷ 落叶树木与常青树墙相映，感受季节变化的乐趣。树种2~3种较为合适。
❸ 花岗岩铺石采用分层次的手法。
❹ 设计简洁的放置式灯笼与强调直线条构成的庭院很相称。要点是水钵也同样选择设计简洁的款式。
❺ 配合树墙和铺路石板的线条走向放置垫石。因各部分形态和线条走向相同，故能创造出整体的美感。

图11-16 以树木为主的庭院

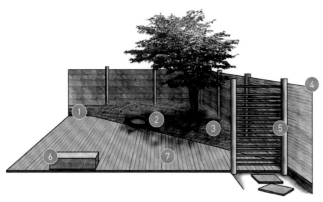
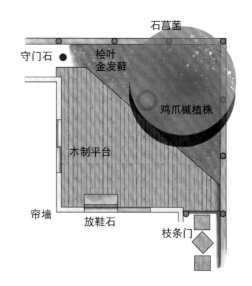

石菖蒲
守门石
桧叶
金发藓
鸡爪槭植株
木制平台
帘墙
放鞋石
枝条门

❶ 用四角圆滑的花岗岩石材，并系上棕榈绳，形成全新感觉的景致。
❷ 陶制水钵治人以悠闲的感受。
❸ 在仅有一棵树和青苔组成的空间里，只置少量的下草。简洁、漂亮。
❹ 横线条的帘墙。
❺ 简洁横线条构成的枝务门。
❻ 踏脚石有重要作用。
❼ 开放式的平台空间。

图11-17 兼备游玩功能的现代风格的茶庭院

五、植物种类规划

在选择树木和其他植物之前，首先应该决定希望修建什么样的庭院。如果只因为对特别的树木、花草有要求，可结合整体植物选购进行配置。（表11-1～表11-3）

表11-1　　　　　　　　　　配合日式庭院的开花树木（中高木、低木）

序号	名称	所属科	花期	花色	常绿/落叶	树高	高木低木
1	山茶	茶花科	1～4月	白、红	常绿	3～10m	中高木
2	茶花	茶花科	2～4月	白、红	常绿	5～15m	中高木
3	斯图尔特假山茶	茶花科	6～7月	白	落叶	5～20m	中高木
4	紫茎	茶花科	6～7月	白	落叶	5～20m	中高木
5	四照花	山茱萸科	6～7月	白	落叶	10～15m	中高木
6	木槿	锦葵科	7～10月	白、紫红	落叶	2～5m	中高木
7	珊瑚树	茜草科	5～6月	白	落叶	2～3m	中高木
8	梅花	蔷薇科	2～3月	白、红	落叶	3～10m	中高木
9	山茱萸	山茱萸科	3～4月	黄色	落叶	5～15m	中高木
10	木兰	木兰科	3～4月	白	落叶	5～20m	中高木
11	野茉莉	野茉莉科	5～6月	白	落叶	3～10m	中高木
12	日本金缕梅	金缕梅科	2～3月	黄色	落叶	3～6m	中高木
13	荚蒾	茜草科	5～6月	白	落叶	2～5m	中高木
14	马醉木	山茱萸科	3～5月	白、红	常绿	2～3m	低木
15	蜡瓣花	金缕梅科	3～4月	黄色	落叶	2～3m	低木
16	小叶瑞木	金缕梅科	3～4月	黄色	落叶	1～3m	低木
17	八仙花	虎耳草科	6～7月	淡紫色～红色	落叶	0.7～1m	低木
18	鸡麻	蔷薇科	4～5月	白	落叶	1.5～2m	低木
19	胡枝子	豆科	8～10月	紫红、白	落叶	1～2m	低木
20	杜鹃	杜鹃科	5～6月	红、淡红、白	常绿	2～3m	低木
21	珍珠绣线菊	蔷薇科	2～4月	白	落叶	1～1.5m	低木
22	台湾吊钟花	杜鹃科	4月	白	落叶	1～4m	低木
23	卫矛	卫矛科	5～6月	黄绿	落叶	1～3m	低木

表11-2　　　　　　　　　　点缀日式庭院的树木（常绿、落叶）

序号	名称	所属科	花期	花色	常绿/落叶	树高	高木低木
1	青冈栎	壳斗科	4～5月	黄褐色	常绿	10～20m	中高木
2	具柄冬青	冬青科	6～7月	白	常绿	5～10m	中高木
3	小叶青冈	壳斗科	4～5月	黄褐色	常绿	15～20m	中高木
4	榛子树	榛子树科	4～5月	淡黄色	常绿	8～20m	中高木
5	赤松	松科	4～5月	绿黄褐色	常绿	20～30m	中高木
6	榉树	榆科	4～5月	淡黄色	常绿	4～8m	中高木

序号	名称	所属科	花期	花色	常绿/落叶	树高	高木低木
7	杨梅	杨梅科	3~4月	红色	常绿	5~20m	中高木
8	毛竹	禾本科	—	—	常绿	7~20m	特殊树木
9	四方竹	禾本科	—	—	常绿	3~6m	特殊树木
10	紫竹	禾本科	—	—	常绿	2~5m	特殊树木
11	寒竹	禾本科	—	—	常绿	2~3m	特殊树木
12	钓樟	樟科	3~4月	黄褐色	落叶	3~6m	中高木
13	日本槭	槭树科	4~5月	暗红色	落叶	5~10m	中高木
14	紫叶槭	槭树科	4~5月	暗红色	落叶	5~10m	中高木
15	枹	壳斗科	4~5月	黄褐色	落叶	8~20m	中高木
16	连香树	连香树科	4~5月	红色	落叶	5~20m	中高木
17	枥木	桦木科	4~5月	黄褐色	落叶	5~20m	中高木
18	榉木	壳斗科	4~5月	黄色	落叶	20~30m	中高木

表11-3　　　　　　　　　　点缀日式庭院的树木（常绿低木、落叶低木）

序号	名称	所属科	花期	花色	常绿/落叶	树高	高本低本
1	柃木	茶花科	3~4月	白	常绿	1~5m	低木
2	十大功劳	小檗科	5~6月	白	常绿	1~2m	低木
3	华南十大功劳	小檗科	3~4月	黄色	常绿	1~2m	低木
4	桃叶珊瑚	山茱萸科	3~5月	紫褐色	常绿	2~3m	低木
5	石斑木	蔷薇科	5~6月	白	常绿	1~3m	低木
6	夏鹃	杜鹃科	4~5月	浓红色	常绿	1~2m	低木
7	狭叶十大功劳	小檗科	12~次年2月	黄色	常绿	0.5~1.5m	低木

现将植物选用的要点整理如下。

1. 从视觉上与住宅的设计协调

如果不考虑植物与住宅的协调而选择植物，会使修建起来的庭院，因缺乏与住宅的协调，变得不伦不类。应结合住宅的设计，选择植物的种类及大小。

2. 着眼于树木的功能

植物不单有视觉上的美感，还担当着让环境舒适化的功能。如保护空间隐私，遮挡来自外部的人视线；形成树荫，夏季调节温度，给人凉爽感：带来空气流动，调节风力；防火功能；净化空气等。利用各种功能进行植物配置，可创造出舒适的生活环境。

3. 适合植物生长条件的环境

在植物配置中，对每一种植物环境适应性的了解，是必不可少的环节。若将喜阳性的植物种在背阴处，会导致数年后植物的枯死或不开花。重要的是，应在适合植物生长条件的环境里，种植相应的植物。

4. 植物也有个性

在种植自然树形的树和鸡爪槭等树木的庭院里，再种上黄杨和罗汉松等人工造型的植物就非常不相配。在目前的住宅庭院里，应尽量避免使用过多人工造型的植物，修建自然的庭院会令人心情舒畅。

5. 应考虑季节的变化

在庭院里选择具有季节感的植物是关键。春季的鲜花、夏季的浓荫、秋季的色彩、冬季的枯枝，植物可以表现季节的变化，考虑到冬季的景致，常青树和落叶树要合理搭配。

6. 与其他造景物的配合

庭院里除植物以外，还有亭廊、园林小品、道路、叠水、池等人造景观。选出相互配合的人造景物，再结合造景的植物，可让庭院内容饱满、丰富而有层次。

7. 事先考虑好植物的管理

修建好的庭院如果不加以妥善管理，放任自流，数年后将会变得目不忍睹。将自己能管理的植物和必须委托园林专业人员管理的植物分开选择，十分有必要。

第二节　大型公园植物设计实例

城市公园的植物景观规划首要作用是创造出一个绿色氛围。其绿地率一般都应在70%以上，这样才能形成一个良好的适于游客参观、游览、活动的生态环境，使游人不但体会主题内容给予的乐趣，而且可以在林下、花丛边、草坪上享受植物给予的清新和美感。

植物景观规划可以从以下几个方面重点考虑。

1）绿地形式采用现代园林艺术手法，成片、成丛、成林，讲究群体色彩效应，乔木、灌木、草本植物相结合，形成复合式绿化层次，利用纯林、混交林、疏林草地等结构形式组合成不同风格的绿地空间。

2）各游览区的过渡部分都结合自然植物群落，使每一个游览区都掩映在绿树丛中，增强自然气息，突出生态造园理念。

3）采用多种植物配置形式与各区呼应，如规则式场景布局采用规则式绿地形式，自由组合的区域布局则用自然种植形式与之协调，使绿地与各区域形成一个统一和谐的整体。

4）植物选择上立足于乡土树种，同时合理引进优良品种，形成乐园绿地特色。

5）充分利用植物的季相变化来增加乐园的色彩和时空变幻，做到四季景致分明；常绿树和落叶树、秋色叶树的灵活运用，以及观花、观叶、观干树种的协调搭配，可以使植物景观更加绚丽多彩，效果更加丰富多样。

案例　大理洱海公园植物景观设计

大理洱海公园是大理市绿地系统建设中规划改扩建的城市综合性公园。该公园北侧面向辽阔的洱海，西侧遥看巍峨的苍山，东侧眺望雾霭蒙蒙的海东群山，南侧可观下关新城优美的景致。随着大理市新城区向西部满江片区的发展，洱海公园在大理市景观中构成了城中绿色浮岛，与西洱河公园、珠海公园、满江滨海湿地生态公园一起构成洱海南端绿色生态屏障，成为滨海绿色景线，是构建"山水相依、水天相连、城中有林、清新自然"的山水园林城市绿地系统的重要建设内容，也是把大理建设成为滇西中心城市、省级园林城市和国家级园林城市的重要内容之一（图11-18～图11-25）。

图11-18 洱海公园总体规划图

图11-19 洱海公园植物现状图

图11-20 洱海公园植物区划图

图11-18

图11-19

图11-20

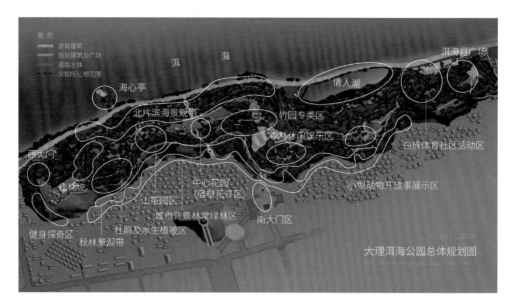

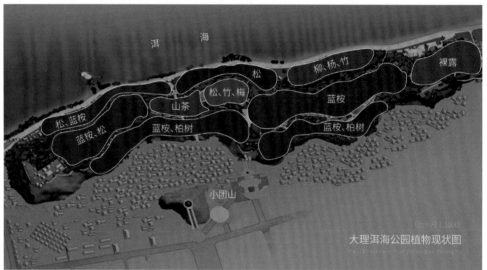

图11-21 洱海公园松林坡

图11-22 洱海公园樱花区

图11-21
图11-22

大理洱海公园·松林坡

松树的"松"字正是其树冠特征的形象描述,"松"就是树冠蓬松的一类树。松树坚固,寿命十分长。松树生长能忍耐贫瘠土壤,但以种在疏松肥沃土壤上的生产力高。湿润地区的松树大多适宜酸性土壤。松坡林位于景区北面,可观赏下关北城景及西洱海出海口景观等,对面建成洱海卫城及海滨公园,各处都是观景点。山坡上松林较多,沿山坡栽植樱花,与滨海樱花道连成一个统一整体。

大理洱海公园·樱花区

樱花大道,以樱花为行道树。樱花属于蔷薇科落叶乔木。叶卵形或卵状披针形,边缘有锯齿或重锯齿,叶柄有2~4腺体。春季开花,花果近球形。

大理洱海公园·海滨景观区

设计紧扣滨海的主题，与有亲和力的近水滩结合景观步道整体设计，展示洱海生物意象。滨海大道原植物较单一，主要展现的是湖光山色之美。滨海大道是滨水湿地区域，重要的是建立保护的概念。

图11-23 洱海公园滨海景观区

大理洱海公园·杜鹃园

杜鹃园，自然生态化的设计，完全展示植物多彩的一面。以植物造景为主，沿不同台地布置蜿蜒步道种植花木，山顶景观优良、安置景观设施，如牌门或亭，山顶水湿地草坪向水体逐渐过渡，多层次、多种类的水生植物，创造丰富的水边景观。

图11-24 洱海公园杜鹃园

大理洱海公园·山茶园

山茶为名贵花木，茶花园为洱海公园游览的核心区域，也是游人较为集中的地区，且距离办公室较近，便于管理。山茶花喜肥沃土壤，中部园区原已植有山茶，土壤已进行一定程度的改良，有一定肥力，只要在原有基础上再稍加改良，就可以达成山茶生长所需的条件。此外，建筑被大树包围，风小成为一个利于山茶生长的小环境，同时补种高大乔木遮挡过强的阳光。

图11-25 洱海公园山茶园

1. 土壤调查报告表（表11-4）

表11-4 **洱海公园土壤调查报告表**

调查点	大理洱海公园	
	北坡	南坡
pH值范围	7~8	6~7
土壤属性	弱碱性	弱酸性
物理特性	粗沙砾，保水保肥能力较差	细沙砾，保水保肥能力较好
营养含量	钾、钙含量下降，比较贫瘠	氮、磷含量上升，比较富足
水分含量	水分少	水分充足
适宜生长植物	香樟、山茶、杜鹃、云南松、竹类等	柏树、圣诞树、泡桐、云杉等

2. 植被现状（表11-5）

表11-5 **洱海公园现状植物调查一览表**

分布区域	序号	植物名称	长势	景观状况	数量
北部	1	香樟	好	好	多
	2	樱花	好	好	多
	3	柳树	好	好	多
	4	滇杨	好	好	多
	5	水杉	好	好	中
	6	池杉	好	好	少
西山坡	7	云南松	好	好	多
	8	杜鹃	差	差	少
北部、南部	9	圣诞树	中	中	多
中部	10	云南山茶花	差	好	中
	11	华东山茶花	差	好	中
中北部	12	木兰	好	好	好
中部山顶	13	竹类	好	好	多
中部、南部	14	柏树	好	差	多
中南	15	三角枫	差	差	少
全景	16	蓝桉	好	差	多

1）从整体上看洱海公园植被较茂密，绿化覆盖率高，除新开发的东片区及正在兴建的滨湖大道外，大部分地区都被较浓密的乔灌木所覆盖。主要的树木为蓝桉、冲天柏、圆柏、金合欢、云南松，局部地带如中部地带植物种类较丰富，如：竹、山茶、榕、棕榈、南洋杉、李、梅、香樟、槭树等。

2）北部植被较好，为多种树木的混交林，植物层次丰富，景观效果较好，在绿色树丛间点缀了一些开花灌木—棠梨。为单调的山间景观增添一些亮点，但棠梨花色为白色，色彩单一，并不十分引人注目。整个北部片区植物景观较好，沿曲折的盘山登道穿梭在树丛树荫中，不仅可以看到满目绿意，呼吸新鲜的空气，还能透过树丛看到碧蓝的洱海。原有海滨种植有樱花林、柳林，为春季景观带。

3）南部地区植被景观为下关市城市背景林，整体景观效果差，树种少，主要为桉树、柏树、金合欢的混交林。桉树无论从树形、色彩上都没有很好的景观价值，柏树常绿，金合欢冬季开花为金黄色，为冬季的山林带来了一些暖意。沿游览道路一路走来，道路两旁景观变化少，几乎没有开花灌木。

4）东片区为公园的新开发区，大部分地方黄土裸露，急需绿化改造。

5）西片区为景观单一的云南松林地带，有大量桉树成为上层乔木，局部息龙池水池周边有部分乌桕、三角枫等秋景树，显得杂乱，没有景观效果。

总体上，洱海公园植被茂密，但景观效果差。上层大乔木蓝桉高大可以阻挡南风对公园和游人的侵袭；中层为金合欢、柏树；下层多为没有观赏价值的野草。基本上没有大面积的秋色叶树和观花灌木，四季景观变化不显著，整体色彩单一，山体轮廓线变化小，不能做到四时之景不断，也完全不能体现出大理苍山丰富多彩的植物个性。

6）植物景观现存问题及建议保留的植物。现存问题中最主要的为：植物景观较差，没有体现出大理地区的特色植物景观及丰富的植物资源。植物色彩变化单一，色彩层次少，配置上景观效果差，没有按一定的生态群落进行配置。在一期规划中逐步替换现有的蓝桉，从东北部向西南部开始分批次替换蓝桉。以阻挡西南风对公园的侵袭。北部片区的植被较好，在保留原有植被的基础上加入开花灌木，增加色彩和芳香植物，提高景观的观赏性；西部片区的松林保留，在松林下层加入各色杜鹃，构成松树杜鹃林。

3. 植物景观详细规划

根据洱海公园的地理位置、地形、地貌及土壤情况，依据现状植物分布及植物规划构景目标，拟设置梅竹类、茶花、杜鹃、岩石园等专类园，以及南北的秋景大道（南）和樱花大道（北），南部城市背景林等，将不同花期的花木集聚于公园之中，使公园有四季不同之景，花开不断，充分体现大理"风、花、雪、月"之一的"花"。

（1）植物景观详细规划原则

1）生态化、自然化，植物花色多姿多彩，植物品种丰富多样的城市花园。由于人类的生存环境一再遭到破坏，21世纪是重视人与环境和谐发展的生态时代，人们越来越重视关注自己生存环境的绿化生态效益，这就推动植物学朝着更为生态化的方向发展，以满足人们对生存环境更高的要求。绿化生态效益的发挥，主要由树木、花草的种植来实现，因此以绿为主是植物造景的着眼点，良好的植物景观往往作为建筑、小品、铺装的生动背景，通过色彩、质感等方面的对比来突出特定空间，起到点景作用。以绿为主的景观绿化不仅要平面化，而且提倡"林荫型"和立体绿化模式。

2）城市森林公园、植物专类园，具有科普研究价值。以城市森林的概念营造公园片林，达到充分发挥生态效益的目标。以营造植物专类园体现大理丰富的植物多样性，从而在生态效益和生物多样性方面起到一定科普教育的作用。

3）城市大背景林，丰富山体轮廓线，提升城市形象。大理市洱海公园南坡是开发区具有一流环境的民族广场主背景，也是机场公路、火车站的重要的背景，是大理苍洱风景名胜区主要入口的景观节点。该区域园林环境的好坏，是否有特色，直接影响游客对大理市城市建设及自然风光的评价和印象。目前该区远观叶色灰白的蓝桉密集丛生，与周围优美的环境极不协调。该区改造的重点是：更新砍伐区内近1000株左右的桉树，以利于林下替代树种的快速形成；兴建与南大门建筑风格相协调的园林建筑、游路配套设施。以滇杨、香樟、石楠、女贞、刺槐、黄槐等为主进行相应的园林绿化美化改造。

4）生态观光型模式。针对人流量大和周边环境有较大污染的现状情况，强化森林植被吸收有害气体、吸滞粉尘、削减噪声等生态环境效应，减轻环境污染对人体的危害。植物配置主要强调发挥森林植物的生态环境功能，以改善环境质量为主，适当考虑景观效果。基调树种选择：樱花、香樟、合欢、栾树、枫香、广玉兰；骨干树选择：女贞、黄杨、冬青。滨海大道采用樟树与樱花，栾树与女贞、大叶黄杨组合。南部与居民区交接处采用枫香、广玉兰、枫香与大叶冬青、合欢与厚皮香等常绿树和落叶树组合，既增强林带生态环保功能，又能兼顾景观效果。

（2）植物景观色彩区划

1）北面区。面洱海，烟波浩渺，柳条垂湖，丝丝柔情。营建樱花大道，将此片区规划成为春景区，山坡上原有常绿树较多，因此仅在山脚增加樱花数量种类，山腰合适地方间去长势不好植物，增种樱花，粉红一片，形成花海（表11-6）。

表11-6　　　　　　　　　　　　　　　　　　　　　　　北部片区植物名录

分区	名称	拉丁学名	树形	名称	拉丁学名	树形	名称	拉丁学名	树形
松林坡	云南油杉	*Keteleeria evelyniana*	乔木	杉木	*Cunninghanria Lanceclata*	乔木	柳杉	*Cryptomeria fortunei*	灌木
	苍山冷杉	*Abies delavayi*	乔木	翠柏	*Calocedrus macrolepis*	乔木	扁柏	*Chamaecyparis robusta*	灌木
	云南铁杉	*Abies dumosa*	乔木	干香柏	*Cupressus duclouxiana*	乔木	地盘松	*Pinus yunnanensis f. pygmaea*	灌木
	云杉	*Picea Likangensis*	乔木	藏柏	*Cupressus torulosa*	乔木	石栎	*Lithocarpus dealbatus*	乔木
	云南松	*Pinus yunnanensis*	乔木	柏木	*Cupressus funebris*	乔木	栓皮栎	*Quercus variabilis*	乔木
	华山松	*Pinus armandi*	乔木	侧柏	*Platycladus orientalis*	灌木	杨梅	*Myrica rubra*	灌木
樱花区	樱花	*Prunus yedoensis*	乔木	垂丝海棠	*Malus halliana*	乔木	榆叶梅	*Prunus triloba*	乔木
	冬樱花	*P. cerasoides*	乔木	西府海棠	*Malus micromalus*	乔木	梅花	*Prunus mume*	乔木
	日本早樱	*P. serrulata*	乔木	贴梗海棠	*Chaenomeles speciosa*	乔木	月季	*Rosa chinensis*	灌木
	日本晚樱	*P. serrolata var. lannesiana*	乔木	紫叶李	*Prunus cerascifera*	乔木	蜡梅	*Chimonanthus praecox*	灌木

分区	名称	拉丁学名	树形	名称	拉丁学名	树形	名称	拉丁学名	树形
滨海景观区	水杉	*Metasequoia glyptostroboides*	乔木	滇丁香	*Lnculia intermedia*	灌木	云南黄馨	*Jasminum mensyi*	灌木
	落羽杉	*Taxodium distichum*	乔木	木芙蓉	*Hibiscus indicus*	灌木	叶子花	*Bougainvillea glabra*	灌木
	垂柳	*Salix babylonica*	乔木	秋葵	*Abelmoschus esculentas*	灌木	鸢尾	*Iris tectorum*	水生花卉

2）中部山脊部分。景观区集中，上层乔木常绿与落叶搭配，重视林中敞地规划，适当点缀景观点（表11-7）。

表11-7　　　　　　　　　　　　　　　　　　中部山体区植物名录表

分区	名称	拉丁学名	树形	名称	拉丁学名	树形	名称	拉丁学名	树形
杜鹃园	马缨花	*Rhododendron delarayi Fr.*	乔木	似血杜鹃	*R. haematodes*	灌木	云南杜鹃	*R. yunnanense*	灌木
	粉红爆仗花	*R. spinuliferum*	灌木	腋花杜鹃	*R. racemosum*	灌木	柔毛杜鹃		灌木
	西洋杜鹃	*Rhododendron hybridum*	灌木	匍匐杜鹃	*R. erastum*	地被层	红棕杜鹃	*R. rubiginosum*	灌木
	黄花杜鹃	*Rhododendron lutescens*	灌木	大白花杜鹃	*R. decorum*	灌木	平卧杜鹃	*R. pronum*	地被层
	大树杜鹃	*R.giganteum*	乔木	杂色杜鹃	*R. eclecteum*	灌木	矮生杜鹃	*R. proteoides*	地被层
	杯萼杜鹃	*R. pocophorum*	灌木	柔毛碎米花杜鹃	*R. mollicomum*	灌木			
山园	山茶	*Camellia japonica*	乔木	云南山茶	*C. reticulata*	乔木	白玉兰	*Magnolia denudate*	乔木
	油茶	*C.oleifera*	灌木	茶梅	*C. sasanqua*	半灌木	广玉兰	*Magnolia grandiflora*	乔木
	华东山茶	*C. chelaoangensis*	乔木	紫玉兰	*Magnolia liliflora*	乔木	山玉兰	*Magnolia delavayi*	乔木
梅岭	梅花	*Prunus mume*	乔木	朱砂梅	*P.mume cv.*	乔木	宫粉梅	*P. mume cv.*	乔木
	玉碟梅	*P.mume cv.*	乔木	绿萼梅	*P. mume cv.*	乔木	蜡梅	*Chimonanthus praecox*	半灌木
竹园	慈竹	*Sinocalamus affinis*	乔木	箭竹	*Fargesia yunnanensis*	乔木	苦竹	*Pleioblastus amarus*	乔木
	凤尾竹	*Bambasa multiplex var. nana*	乔木	黄金间碧玉	*Bambasa vulgaris cv.vitata*	乔木	紫竹	*Phyllostachys nigra*	灌木

分区	名称	拉丁学名	树形	名称	拉丁学名	树形	名称	拉丁学名	树形
竹园	棉竹	B. intermedia	乔木	方竹	Chimonobambusa quadrengularis	乔木	实心竹	Sina rundinaria nitida	乔木
	琴丝竹	B. multiplex	乔木	金竹	Phyllostachys sulpharea	灌木			
其他配景树种	滇朴	Celtis yunnanensis	乔木	红花檵木	Loropetalum Chinese var. rubrum	灌木	雀舌黄杨	Buxus bodinieri	灌木
	香樟	Cinnamomun comphora	乔木	侧柏	Platycladus orientalis	灌木	垂柳	Salix babylonica	乔木
	含笑	Michelia figo	灌木	刺柏	Juniperus formosana	灌木	木芙蓉	Hibiscus indicus	灌木
	鹅掌楸	Liriodendnm chinensis	乔木	香叶树	Lindera comcunis	灌木	女贞	Ligustrum lucidum	灌木
	桂花	Osmunthus fragrans	乔木	鹅掌柴	Schiffera arboricola	灌木			

3）由西向东部分。依次为松林坡—滨水湿地—杜鹃园—山茶园—中心花园—竹园—水生湿地—宿根花卉＋常绿阔叶林—小型动物园＋常绿＋落叶林—常绿林的观景序列。

4）南部片区部分植物大量营建更换区。由东至西依次为常绿林区—秋叶林区—常绿间插—秋叶林区—常绿间插—松林坡—花灌木区的观景序列，规划建设成为秋叶景观带（表11-8）。

表11-8　　　　　　　　　　　　　　　　南部山体区植物名录表

分区	名称	拉丁学名	树形	名称	拉丁学名	树形	名称	拉丁学名	树形
秋景植物区	枫香	Liquidambar formosana	乔木	麻栎	Quercus acutissima	乔木	紫玉兰	Magnolia liliflora	乔木
	黄栌	Cotinus coggygria	乔木	栓皮栎	Quercus variablis	乔木	紫叶李	Prunus cerasifera	乔木
	三角枫	Acer buergerianum	乔木	楸树	Catalpa bunger Catalpa ovota 梓树	乔木	君迁子	Diospyros kaki	乔木
	朴树	Celtis tetrandra滇朴：C. yunnanensis	乔木	滇杨	Populus yunnanensis	乔木	银杏	Ginkgo biloba	乔木

分区	名称	拉丁学名	树形	名称	拉丁学名	树形	名称	拉丁学名	树形
秋景植物区	黄连木	*Pistacia chinensis*	乔木	悬铃木	*Plantanus orientalis*	乔木	栾树	*Koelreuberia paniculata*	乔木
	檫木	*Sassafras tzumu*	乔木	落羽杉	*Taxodium* 池杉：*Taxodium ascendens*	乔木			
	鹅掌楸	*Liriodendron chinensis*	乔木	水杉	*Metasequoia glyptost-roboides*	乔木			
常绿林区	樟树	*Cinnamomum comphora*	乔木	毛果含笑	*Michelia sphaerantha*	乔木	滇青冈	*Cyclobaalanopsis glancoides*	乔木
	滇润楠	*Machilus yunnanensis*	乔木	云南含笑	*Michelia yunnanensis*	灌木	大叶女贞	*Ligustrum lucidum*	乔木
	石楠	*Photincia serrulata*	乔木	冬青	*Ilex chinensis*	灌木	桂花	*Osmanthus frangrans*	乔木
	广玉兰	*Magnolia grandiflora*	乔木	云南樟	*Cinnamomum grandifera*	乔木	龙柏	*Sabina chinensis cv.*	灌木
	木莲	*Manglietia fordiana*	乔木	高山栲	*Castanopsis delavayi*	乔木	海桐	*Pittosporum tobira*	灌木
岩石园区	紫叶小檗	*Berberis thunbergii var. Atropurpurea*	灌木	蔓长春花	*Vinca mejor*	藤本	匍匐枸子	*Cotoneaster adpressus*	灌木
	铺地柏	*Sabina procumbens*	地被	爬山虎	*Parthenocissus tricuspidata*	藤本	火棘	*Pyracantha angustifolia*	灌木
	凌霄	*Campsis grandiflom*	藤本	常春藤	*Hedera nepalensis*	藤本	南天竹	*Nandina domestica*	灌木
	络石	*Trachelospermum jasminoides*	藤本	矮杨梅	*Myrica nana*	灌木			

（3）植物与建筑道路小品的配置

1）植物与建筑配置：人工建筑与自然植物相搭配，以植物为主，以建筑点缀，共同构成园林空间。

2）园路的植物配置：主道路在公园内呈环状布置，组织交通引导游人。园内道路为自然式曲线，道路两旁采用自然式种植。沿路的植物景观在视觉上有开有合、有高有低、有疏有密。在景观道路两侧有乔木、树丛、灌木丛、花丛、草地和孤植树的不同搭配。建筑小品旁的园路引导人们以动态的方式来欣赏建筑物。在地势起伏的地段，园路随着地形高低变化的方式来欣赏建筑物，使游人的观察点不断变化，也使园路两侧景观不断变化。道路经过的地方如果有一片水面，道路将引导人们时而走近水面，时而远离，或被路旁树丛遮挡视线。在近水面方向，道路略向下倾斜，再植上草坪，吸引游人走近水边去欣赏对岸景观（图11-26、图11-27）。

竹，四季常青，姿态优美，情趣盎然，独具风韵。在洱海公园内，利用其原有的竹园，再进行扩大规模。建成竹类园。竹园在中心花园东侧，有较好的两水体相连，周围栽种有长势良好的竹丛。沿山坡至办公楼圆亭侧，有两台地相连，设计中加以充分运用。弯曲竹径，卵石铺砌，竹中敞林地设小竹楼作为空间过渡与转折。

图11-26 洱海公园竹园

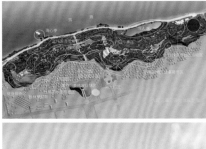

沿主干道栽植枫香、滇杨等秋叶树，营造秋来满地金叶的景象，并与北区春来樱花烂漫、柳条嫩绿的景致呼应。

图11-27 洱海公园秋林植物区

次路与小路的植物造景：道路穿过地势低矮的地段时在道路两侧配置枝干伸展、冠幅较大的树木，营造幽静之感，阳光透过树叶的缝隙洒到地面上，让小路充满生气；在道路通过地势平坦视野开阔处时，在道路两旁种植较稀疏的大乔木，中下层配植低矮灌木，不阻挡人们的视线；道路在沿山体走势布置时，在靠山体一侧种植冠幅较大的乔木起到遮阴作用，另一侧种植低矮花灌木，游人在行走时既能观赏山间植物景观，又可远眺城市及洱海风光。

3）小品与植物配置：强调用树木围合的空间作为小品背景，以树木色彩衬托出小品形象（图11-28、图11-29）。

大理洱海公园·常绿林区

常绿林区作为城市背景，沿围墙内外侧秋景林区相互渗透，布置樟科、木兰科植物，营造常绿林，乔灌草的综合搭配，营造城市的绿色屏障。

图11-28 洱海公园常绿林区

大理洱海公园·岩石园

岩石园是以岩石和岩生植物为主体，经过合理的构筑配植展示高山草甸、岩崖、碎石徒步、峰峦溪流等自然景观和植物群落的一种装饰性绿地。岩石园的植物设计突出植物的个体美，又展现同类植物的群体美，把不同花期、不同园艺品种的植物进行合理搭配，以延长观赏期，还可以运用其他植物加以衬托，从而达到四季有景可观。

图11-29 洱海公园岩石园

（4）滨海大道植物景观详细规划

1）滨海大道景观植物现状（表11-9）。滨海大道原植物较为单一，主要展现的是湖光山色之美。滨海大道是滨水湿地区域，重要的是建立保护的概念。由于主干道的建设、截污干渠的建设等，很大程度上破坏了原有的植被，同时这些硬质景观的增加也挤占了植物的生存空间。

大道沿山部分，植被茂密，长势较好，已成为很好的绿色屏障；但局部也存在欠缺，如西部入口处，有土层裸露；中部大台阶两侧段，植物景观效果不好。东部山体同样裸露很多。

海中水生植被多，但有造景美观形状的并不多见，湖面平静，湖岸单调。

2）滨海植物规划原则。拟把滨海大道规划成一个生态湿地带，以维护生态平衡，营造优美舒适的人居环境，推动城市可持续发展。把"恢复湿地、保护湿地、利用湿地"的意识与大理当地的自然风情、人文特色有机结合，创造出人与自然和谐共生的生态湿地景观。

在简洁的道路线性景观中，提供一处游人能亲近自然、亲近水体、观赏山水风光的自在空间，既满足游人亲近湿地的心理和多层次的游览需要，又能够较好地协调保护与开发的关系。

创造现代大方、造型新颖、有时代气息的群体景观空间。同时充分考虑防风、防尘、防洪、防沙的滨海特点，强调现代但不破坏生态。依据整体滨海地段特点，进行不同的分区，在不同区域进行不同的植物景观营造。规划力求管理方便，在水位线的变化中植物依然能自由生长。植物规划与新建筑形式上和谐，并能通过植物来丰富滨海建筑之美。

3）具体设计。

①樱花大道，以樱花为行道树。樱花属于蔷薇科落叶乔木。叶卵形或卵状披针形，边缘有锯齿或重锯齿，叶柄有2~4腺体。春季开花，花白或红色，3~5朵成伞状花序，萼筒呈钟形，果实黑色。产于我国和日本，栽培供观赏，园艺品种颇多。

海棠属于蔷薇科落叶乔木。叶椭圆状长椭圆形，有紧贴的锯齿，春季开花，初开放时深红色，开后淡红色。果近球形，直径约2cm，产于我国，久有栽培，供观赏。垂丝海棠，花淡红色，常半重瓣，花梗细长，下垂。栽培甚广，供观赏。

表11-9　　　　　　　　　　　　　　　　　滨海大道景观植物现状名录

序号	名称	拉丁学名	景观特点	序号	名称	拉丁学名	景观特点
1	柳树	*Cryptomeria fortunes*	水中生长、良好	9	滇杨	*Populus yunnanensis*	秋季变色、速生
2	水杉	*Metasequoia glyptostroboides*	湿生、良好	10	竹	*Bambusoideae spp.*	良好
3	池杉	*Taxodium ascendens*	湿生、良好	11	云南松	*Pinus yunnanensis*	常绿
4	冬樱花	*Prunus cerasoides*	旱生、冬春开花	12	华山松	*Pinus ormandi*	常绿
5	香樟	*Cinnamomum comphra*	常绿、适应性强	13	藏柏	*Cupresus torulosa*	常绿
6	大叶黄杨	*Euonymus japonicus*	绿篱	14	金合欢	*Acacia farnesiana*	速生、景观差
7	夹竹桃	*Neruim indicum*	绿篱	15	桉树	*Eucalyptus spp.*	速生、景观差
8	南洋杉	*Araucaria cunninghamii*	树形美观				

规划区域：沿滨海大道南侧山体部分展开布置。

在公园内从主入口处至情人湖沿海一带，种植樱花（云南樱花、冬樱花、日本樱花、绿樱等品种）、垂丝海棠等，以观赏春景。

②水中森林：沿海岸滩地种植水杉、池杉、柳树等耐水湿植物，营造优美的轮廓线景观，与苍山的形象远远呼应。

规划区域：西大门至游泳馆面海一侧展开布置，海心亭段，水杉、池杉种植较多，而入口处、情人湖东段，柳树较多。

4）滨海植物选择（表11-10）。

表11-10 滨海植物规划名录

序号	名称	拉丁学名	科	属	序号	名称	拉丁学名	科	属
1	翠柏	*Calocedrus macrolepis Kurz*	柏科	翠柏属	13	池杉	*Taxodium ascendens Brongn.*	杉科	落羽杉属
2	柏木	*Cupressus funebris Endl.*	柏科	柏木属	14	铺地龙柏	*S. chinensis Ant.cv. kaizuka procumbens*	柏科	圆柏属
3	云南松	*Pinus yunnanensis Franch.*	松科	松属	15	昆明柏	*S. gaussenii (Cheng) Cheng et W. T.*	柏科	圆柏属
4	日本五针松	*Pinus parviflora Sieb. et Zucc.*	松科	松属	16	铺地柏	*S. procumbens (Endl.) Iwata et Kusaka .*	柏科	圆柏属
5	白皮松	*P. bungeana Zuco. ex Endl.*	松科	松属	17	罗汉松	*Podocarpus macrophllus (Thunb.) D. Don.*	罗汉松科	罗汉松属
6	金钱松	*Pseudolaxix kaempferi (Lindl.) Gord.*	松科	金钱松属	18	大理罗汉松	*Podocarpus forrestii (Thunb.) D. Don.*	罗汉松科	罗汉松属
7	云南红豆杉	*Taxus yunnanensis Hu et Cheng*	红豆杉科	紫杉（红豆杉）属	19	竹柏	*P. nagii (Thunb.) Zoll. et Mor.*	罗汉松科	罗汉松属
8	柳杉	*Cryptomeria fortunei Hooibrenk ex Otto et Dietr.*	杉科	柳杉属	20	银杏	*Ginkgo biloba L*	银杏科	银杏属
9	杉木	*Cunninghamia lanceolata (Lamb.) Hook.*	杉科	杉木属	21	鹅掌楸	*Liriodendron chinense (Hemsl.) Sarg.*	木兰科	鹅掌楸属
10	软叶杉木	*Cunninghamia lanceolata Hook.cv. mollifolia*	杉科	杉木属	22	山玉兰	*Magnolia delavayi Franch.*	木兰科	木兰属
11	水杉	*Metasequoia glyptostroboides Hu et Cheng*	杉科	水杉属	23	玉兰	*M. denudata Desr*	木兰科	木兰属
12	秃杉	*Taiwania flousana Gaussen*	杉科	台湾杉属	24	龙女花	*M.wilsonii L.f.taliensis Law*	木兰科	木兰属

序号	名称	拉丁学名	科	属	序号	名称	拉丁学名	科	属
25	红花山玉兰	M. denudata L.var. rubra Law.	木兰科	木兰属	45	茶梅	C. sasanqua Thunb.	山茶科	山茶属
26	广玉兰	M. grandiflora L	木兰科	木兰属	46	枇杷	Eriobotrya japonica Lindl	蔷薇科	枇杷属
27	紫玉兰	M. liliflora Desr.	木兰科	木兰属	47	花红	Malus asiatica Nak.	蔷薇科	苹果属
28	二乔玉兰	M.soulangeana Soul. Bod.	木兰科	木兰属	48	西府海棠	M. micromalus Mak.	蔷薇科	苹果属
29	厚朴	M.officinalis Rehd. et Wils.	木兰科	木兰属	49	垂丝海棠	M.halliana Hall Crabpple.	蔷薇科	苹果属
30	凹叶木兰	M.sargetiana Rehd. et Wils.	木兰科	木兰属	50	日本晚樱	Prunus serrolata var. lannesiana	蔷薇科	梅属
31	白缅桂	Michelia alba DC.	木兰科	含笑属	51	云南冬樱花	P. cerasoides Koehue.	蔷薇科	梅属
32	毛果含笑	M. sphaerantha C.Y. Wu ex Y. W. Law	木兰科	含笑属	52	梅	P. mume Sieb. et Zucc.	蔷薇科	梅属
33	深山含笑	M. maudiae Dunn.	木兰科	含笑属	53	桃	P. percica (L.) Batsch	蔷薇科	梅属
34	含笑	M. figo (Lour.) Spreng	木兰科	含笑属	54	碧桃	P. percica Bat.cv. Duplex.	蔷薇科	梅属
35	红花木莲	Maglietia insignis (Wall) Bl.	木兰科	木莲属	55	紫叶桃	P. percica Bat.cv. Atropurpurea	蔷薇科	梅属
36	木莲	M. fordiana Oliv.	木兰科	木莲属	56	樱桃	P.pseudocerasus (Lindl.) G. D.	蔷薇科	梅属
37	云南拟单性木兰	Parakmeria yunnanensis Hu et Cheng	木兰科	拟单性木兰属	57	云南紫荆	Cercis yunnanensis Hu et Cheng	苏木科	紫荆属
38	八角	Illicium verum Hook.f.	八角科	八角属	58	羊蹄甲	Bauhinia variegata L.	苏木科	羊蹄甲属
39	香樟	Cinamonum camphora Trew.	樟科	樟属	59	合欢	Albizzia julibrissin Durazz.	含羞草科	合欢属
40	云南樟	C.glanduliferum (Wall.) Ness	樟科	樟属	60	山合欢	A. kalkora (Roxb.)Prain.	含羞草科	合欢属
41	天竺桂	C. japonicum Sieb.	樟科	樟属	61	刺槐	Robinia pseudoacacia L.	蝶形花科	刺槐属
42	厚皮香	Ternstroemia gymnanthera Sprague	山茶科	厚皮香属	62	滇杨	Populus yunnanensis Dode.	杨柳科	杨属
43	华东山茶	Camellia janponica L.	山茶科	山茶属	63	垂柳	Salix babylonica L.	杨柳科	柳属
44	云南山茶	C. reticulata Lindl.	山茶科	山茶属	64	龙爪柳	S. Matsudana Koidz. var. tortuosa Vilm.	杨柳科	柳属

序号	名称	拉丁学名	科	属	序号	名称	拉丁学名	科	属
65	云南大叶柳	*S.cavaleriei Levl.*	杨柳科	柳属	85	杜仲	*Eucommia ulmoides Oliv.*	杜仲科	杜仲属
66	青冈	*C. glauca (Thunb.) Oersted*	壳斗科	青冈属	86	二球悬铃木	*Platanus aceriflia (Ait.) Wild*	悬铃木科	悬铃木属
67	滇青冈	*C. glaucoides Schottkv*	壳斗科	青冈属	87	黄葛榕	*F. lacor Buch.-Ham.*	桑科	榕树属
68	滇石栎	*Lithocarpusdealbatus (Hook.et Thoms) Rehd.*	壳斗科	石栎属	88	小叶榕	*F. microcarpa L. f*	桑科	榕树属
69	光叶石栎	*L. mairei (Schottky)Rehd*	壳斗科	石栎属	89	臭椿	*Ailanthus altissima (Mill.) Swingl.*	苦木科	臭椿属
70	麻栎	*Quercus acutissima Carr*	壳斗科	栎属	90	桂花	*Osmanthus fragrans (Thunb.) Lour.*	木樨科	木樨属
71	栓皮栎	*Q. variabilis Bl.*	壳斗科	栎属	91	银桂	*O. fragrans Lour.cv. Latifolius.*	木樨科	木樨属
72	滇朴	*Celtis yunnanensis Schneid.*	榆科	朴属	92	假槟榔	*Arochontophoenix alexandrae H. Wendl. et Dr.*	棕榈科	假槟榔属
73	榔榆	*Ulmus parvifolia Jacq.*	榆科	榆属	93	鱼尾葵	*Caryta ochlandra Hance*	棕榈科	鱼尾葵属
74	楝树	*Melia azedarach L.*	楝科	楝属	94	短尾鱼尾葵	*C.ureps L.*	棕榈科	鱼尾葵属
75	三角枫	*Acer buergerianum Miq*	槭树科	槭树属	95	散尾葵	*Chrysalidocarpus lutescens H. Wendl.*	棕榈科	散尾葵属
76	五角枫	*A.oliverianum Pax.*	槭树科	槭树属	96	蒲葵	*Livistona chinensis (Jacq.) R. Br.*	棕榈科	蒲葵属
77	鸡爪槭	*A. palmatum Thunb.*	槭树科	槭树属	97	海枣	*Phoenix canariensis Hort. et Chabaud*	棕榈科	刺葵属
78	黄连木	*Pistacia chinensis Bunge.*	漆树科	黄连木属	98	美丽针葵	*P. tenuis Berch.*	棕榈科	刺葵属
79	清香木	*P.weinmannifolia J.Poisson ex Franch.*	漆树科	黄连木属	99	棕榈	*Trchycarpus fortunei H. Wendl.*	棕榈科	棕榈属
80	枫杨	*Pterocarya stenoptera C. DC*	胡桃科	枫杨属	100	苏铁	*Cycas revoluta Thunb.*	苏铁科	苏铁属
81	头状四照花	*Cornus capitata Wall*	山茱萸科	四照花属	101	紫叶小檗	*Berberis thunbergii DC.*	小檗科	小檗属
82	柽柳	*Tamarix chinensis Lour.*	柽柳科	柽柳属	102	南天竹	*Nandina domestica Thunb.*	南天竹科	南天竹属
83	云南梧桐	*Firmiaua major Hand.-Mazz.*	梧桐科	大梧属	103	十大功劳	*Mahonia dolichostylis Takeda*	小檗科	十大功劳属
84	枫香	*Liquidambar formosana Hance*	金缕梅科	枫香属	104	木芙蓉	*Hibiscus indicus L. f.*	锦葵科	木槿属

序号	名称	拉丁学名	科	属	序号	名称	拉丁学名	科	属
105	木槿	*H. syriacus L.*	锦葵科	木槿属	126	金钟花	*Forsythia vividissima Lindl.*	木樨科	连翘属
106	绣球花	*Hydrangea macrophylla (Thunb.) Seringe ex DC.*	绣球花科	绣球花属	127	茉莉花	*J. sambac (L.) Ait.*	木樨科	素馨属
107	木瓜海棠	*Chaenomeles cathayensis (Hemsl.) Schneid.*	蔷薇科	木瓜属	128	金边卵叶女贞	*Ligustrumovalifolium L.cv. Aureo-marginatum*	木樨科	女贞属
108	贴梗海棠	*Ch. lagenaria (Hemsl.) Schneid.*	蔷薇科	木瓜属	129	小叶女贞	*L. quihoui Carr.*	木樨科	女贞属
109	垂丝海棠	*Malus halliana Koehne*	蔷薇科	苹果属	130	六月雪	*Serissa foetida (L. f.) Comm.*	茜草科	六月雪属
110	紫叶李	*Prunus cerasifera Ehrh. cv. atropurpurea*	蔷薇科	梅属	131	石榴	*Punica granatum L.*	石榴科	石榴属
111	棣棠花	*Kerria japonica (L.) D.C.*	蔷薇科	棣棠花属	132	重瓣红石榴	*P. granatum L.cv. pleniflora*	石榴科	石榴属
112	月季	*Rosa chinensis Jacq.*	蔷薇科	蔷薇属	133	光叶叶子花	*Bougainuillea glabra Choisy.*	紫茉莉科	叶子花属
113	小月季	*R. chinensis Jacq.var. ninima Voss. cv. Nana*	蔷薇科	蔷薇属	134	海桐	*Pittosporum tobira (Thunb.) Ait.*	海桐花科	海桐花属
114	玫瑰	*R. rugosa Thunb.*	蔷薇科	蔷薇属	135	木本曼陀罗	*Brougmansis arborea (L.) Steud.*	茄科	木本曼陀罗属
115	黄槐	*Cassia surattensis Burm. f.*	苏木科	决明属	136	丝兰	*Yucca smalliana Fern.*	龙舌兰科	丝兰属
116	紫荆	*Cercis chinensis Bge.*	苏木科	紫荆属	137	棕竹	*Rhapis excelsa (Thunb.) A. Henry*	棕榈科	棕竹属
117	龙爪槐	*Sophora japonica L.cv. Pendula*	蝶形花科	槐属	138	矮棕竹	*R.humilis Bl.*	棕榈科	棕竹属
118	马醉木	*Pieris Formosa D.Don*	杜鹃花科	马醉木属	139	蔷薇	*R. mulitiflora Thunb.*	蔷薇科	蔷薇属
119	马樱花	*Rohodendron delavayi Franch.*	杜鹃花科	杜鹃花属	140	紫藤	*Wisteria sinensis (SIms) Sweet.*	蝶形花科	紫藤属
120	西洋杜鹃	*R.hybridum Hort.*	杜鹃花科	杜鹃花属	141	葛根	*Pueraria lobata (Willd.) Ohwi*	蝶形花科	葛属
121	夏鹃	*R. indicum Sweet. cv.xia*	杜鹃花科	杜鹃花属	142	雏菊	*Bellis perennis L.*	菊科	雏菊属
122	锦绣杜鹃	*R. pulchrum Sweet. cv.jingshu*	杜鹃花科	杜鹃花属	143	金盏菊	*Calendula officinalis L.*	菊科	金盏菊
123	毛白杜鹃	*R. mucronatum (Bl.) G. Don cv.maobai*	杜鹃花科	杜鹃花属	144	波丝菊	*Cosmos bipinnatus Cav.*	菊科	波丝菊属
124	黄花杜鹃	*R. lutescens Franch.*	杜鹃花科	杜鹃花属	145	美人蕉	*C. indica L.*	美人蕉科	美人蕉属
125	滇丁香	*Luculia intermedia Hutch.*	木樨科	丁香属	146	紫叶美人蕉	*C. warscewiezii A. Dietr.*	美人蕉科	美人蕉属

序号	名称	拉丁学名	科	属	序号	名称	拉丁学名	科	属
147	蜘蛛抱蛋	*Aspidistra elatior Bl.*	百合科	蜘蛛抱蛋属	154	韭兰	*Z. Carinata Herb.*	石蒜科	玉帘属
148	萱草	*Hemerocallis fulva L.*	百合科	萱草属	155	扁竹兰	*Iris confusa Sealy*	鸢尾科	鸢尾属
149	玉簪	*Hosta plantaginea (Lam.) Aschers.*	百合科	玉簪属	156	鸢尾	*I. tectorum Maxim.*	鸢尾科	鸢尾属
150	文殊兰	*C. asiaticum L.*	石蒜科	文殊兰属	157	肾蕨	*Nephrolepias auriculata (L.) Trimen*	肾蕨科	肾蕨属
151	朱顶红	*Hippeastrum rutilum (Ker.) Herb.*	石蒜科	孤挺花属	158	波士顿肾蕨	*N. auriculata Trim. cv.Bostoniesis*	肾蕨科	肾蕨属
152	蜘蛛兰	*Hymerocallis amancaes Nichols.*	石蒜科	蜘蛛兰属	159	红花三叶草	*Trifolium pratense L.*	蝶形花科	车轴草属
153	葱兰	*Zephyranthes candida Herb.*	石蒜科	玉帘属	160	马蹄金	*Dichondra repens Forst.*	旋花科	马蹄金属

（5）秋景区

秋色叶树木是指秋季叶色有明显变化的树木，园林植物除本身在大小、形态等方面有着变化以外，还具有明显的季相特点。因此，一方面可利用树木外形结构和色彩的丰富多变将植物做有意识的配置，另一方面每种植物本身叶色的变化极其丰富，尤其是落叶树种，其叶色常因季节的不同发生明显变化，这些变化在园林造景中起着很重要的作用。按以下标准选种优良的观秋景植物：第一，秋天叶片变得醒目、亮丽，颜色明显不同于其他观赏期，观赏价值高；第二，生长势较强，有较厚的叶幕层，最好是乡土树种；第三，须是落叶树种；第四，色叶期较长，有一定的观赏期。

规划面积：150亩。

1）利用原有地形，在公园南部山体区沿主干道从西至东一带布置秋色叶树，如枫香、黄栌、三角枫、朴树、黄连木、檫木、鹅掌楸、麻栎、栓皮栎、香樟、槭树、山杨、白桦、柿树、金钱松、水杉、池杉、落羽杉、紫玉兰、君迁子、银杏、栾树等。并以常绿阔叶、针叶林为背景，衬托秋景。

2）先砍伐主干道侧地势相对平坦部分的桉树及其他观赏性不高的树种，保留原有的一些三角枫等秋景树，分小部分来实施。秋景观规划将为长远规划。先种植银杏、三角枫、枫香、黄栌、鹅掌楸、栾树等品种。

（6）背景林区详细规划

大理市洱海公园南坡有着民族广场的主背景，也是机场公路、火车站的重要直视背景，是大理苍洱风景名胜区主要入口的"脸面"。该区域园林环境的好坏，建设得是否有特色，直接影响游客对大理市城市建设及自然风光的评价和印象。目前该区远观叶色灰白的蓝桉密集丛生，与周围优美的环境极不协调。

洱海公园南坡向阳干燥、南坡中段和东段树种较单一，上层乔木为蓝桉纯林、中层植物为少量圣诞树和柏树，下层植物有山茶、华西小石积、小铁仔等，南坡西段为凸起的破碎岩带，大部分地段无壤土层，南坡环山游廊以下部分则种植了尖塔形的柏树。

该区改造的重点是：砍伐或更新区内近1000株左右的桉树，以利于林下替代树种的快速形成；兴建与南大门建筑风格相协调的园林建筑、游路配套设施。以滇杨、香樟、石楠、女贞、刺槐、黄槐等为主进行相应园林绿化美化改造。

4. 植物专类园详细规划

（1）植物专类园规划原则

植物专类园的景观规划，既突出植物的个体美，又展现同类植物的群体美，既把不同花期、不同园艺品种的植物进行合理搭配以延长观赏期，也可以运用其他植物加以衬托，从而达到四季有景可观。搭配的植物不同主题花卉的特点、文化内涵、赏花习俗等选择适当的种类，并考虑生态因素、景观因素，进行合理的乔灌草搭配、常绿和落叶植物搭配等。

1）就地保护与迁地保护相结合的原则。如在竹类专类园部分，原地就已种植了观赏竹类，在保护原有植物的基础上增加其他种类，扩充其内的种类数量。

2）生态类型园与专科专属园相结合的原则。生态类型园的目的是根据物种的生态习性收集和保存生态习性相近的物种，而专科专属园是根据物种的分类系统与亲缘关系来收集物种。

3）物种保存与园林景观相结合的原则。植物园既有保存物种及其遗传多样性的功能，同时还有利用保存的物种营造优美的园林，以对公众开展"人与自然"和谐相处的教育任务。在园地规划时，对于生态专类园、专科专属园在保存物种的同时，物种的栽培与园林景观相结合。

（2）各植物专类园规划

1）梅竹园规划。

竹，四季常青，姿态优美，情趣盎然，独具风韵。由于竹子生态适应性强，用途广泛，且具有较高的旅游审美和民族文化底蕴，中华民族对竹子栽培利用和审美活动历史悠久。云南素有"世界竹类的故乡"之誉，在洱海公园内，利用其原有竹园，再进行扩大规模，建成竹类园。

梅花是世界著名的观赏花木，尤以风韵美著称，又名"五福花"，象征快乐、幸福、长寿、顺利、和平。每当冬末春初，疏花点点，清香远溢，在中国与松、竹并称为"岁寒三友"。梅是我国特产，原产滇西北、川西南以至藏东一带的山地。

①选址。梅竹园选址于公园办公区西侧到中心花园之间的一部分，此处原有部分地区栽植有竹类，保留山顶平地已有的松丛，再加上办公区旁的梅，构成松、竹、梅于一园的景区，取"岁寒三友"的寓意来规划此园。

②梅竹园规划原则。梅竹园是以竹为主体植物材料营造植物景观，由于竹子独特的形态特征，宜与自然景色融为一体，形成幽雅静谧的景观。

梅竹园的规划设计要在继承中国古典园林优秀传统的基础上，努力达到民族化的园林艺术形式和现代游憩生活内容的统一，竹园遵循因地制宜的原则，宜山则山、宜水则水，以利用原地形为主进行适当的改造。总体布局运用形式美规则处理景区，园林景点和风景透视线的布局结构和相互关系，使景区之间相互联系，同时又各具特色。结合原地形依据山体走势，布置植物景观，根据竹类的形态特点文化寓意将其与山石、水体、道路结合布置。

③梅竹类植物景观配置。适地适竹，充分考虑竹子的生态习性，经过艺术布局，合理运用观赏竹的形式要素，充分考虑与山石、水体、建筑和其他植物的和谐统一。

竹林景观，在路之间较大的空间内选用高大的竹种成丛、成片地种植形成一定的面积，营造幽深之感。以散生竹为主营造竹林效果最佳，以大小不等的竹丛疏密有致地配置。置身于竹林中，既有安闲的幽静空间，也有大小不等的游戏空间。再将色彩不同的竹种配置在一起形成色彩过渡与对比。

竹与亭堂楼等建筑的配植：竹园附近的建筑风格为江南建筑风格。青瓦白墙的中国古典建筑与翠绿的修竹搭配，不仅色彩和谐，而且陪衬出建筑的秀丽。以建筑的白墙为背景，其前栽植数株翠竹，形成一幅幅素雅的中国山水画。在廊的两旁不规则地配置几株竹子，游人走在曲折的廊道中视线时而受阻，时而畅通。竹与竹之间形成障景或框景，将远处景物一幅幅显现在游人面前。

竹与山石组景：在道路旁或道路转弯处，用山石与竹组景，观赏竹子的单体美，以形成一处小景。竹与水：水边植竹不仅可以表现"水可净身，竹可净心"的意境，而且水中形成独特的倒影景观，水边自然石驳岸再植几株竹子，疏密有致，体现自然情趣。

竹径：用高大枝叶茂密的竹种于小路两旁，疏密有致，游人通过竹径时，以竹丛的疏密搭配营造开敞空间，也形成光影的不同变化。

竹与其他植物配置：在竹园中配置一些其他树木，增加色彩变化以及季相变化，竹园中原有的几株桃树，在路旁局部种植几株树形优美的枫香。在秋季时，形成"万绿丛中一点红"的景观，吸引游人驻足观赏。

④竹类植物选择规划面积：50亩。在公园中部区域原竹园处种植不同叶形、不同秆形、不同色彩及节间变化的竹类，如竿梢弯曲的慈竹、凤尾竹、棉竹，叶形较大的如大叶慈、箬叶竹，叶形小的如箭竹，具节间变化的如方竹、人面竹、佛肚竹，色彩各一的如紫竹、琴丝竹、黄金间碧玉等，还有菲白竹、凤凰竹等可作为地被或灌丛点缀。充分发挥云南竹类故乡的优势，体现民族文化。

2）山茶专类园规划。

①茶花专类园选址。茶花专类园原址是以古建筑围合的院落空间，结合水池、山石已进行了微地形处理，依托现有地形、建筑、小品再配置山茶，使院落更显中国古典园林灵秀之美。

山茶为名贵花木，茶花园为洱海公园游览的核心区域，也是游人较为集中的地区，且距离办公室较近，便于管理。

山茶花喜肥沃土壤，中部园区原已植有山茶，土壤已进行了一定程度的改良，有一定肥力，只要在原有基础上再稍加改良就可以达到山茶生长所需的条件。此处有建筑被大树包围，风小成为一个利于山茶生长的小环境。同时补种高大乔木遮挡过强的阳光。

茶花园旁为茶室，水源充足，取水浇灌较为方便。

原有景观已处理较好，以海天一览楼及水榭为中心的古典园林布局再加上人工的假山石的堆砌，为营造山茶植物景观提供了较好的空间。以茶与园林建筑相搭配，营造一种人文气氛，感受山茶之美，品读大理茶花之韵味。

②山茶园规划原则。茶花园原已有古典建筑，在此基础上将其原有的较为零散的建筑以廊、桥、亭、轩连接起来形成一个整体。使其更具有古典园林的风韵，结合建筑水体、山石、墙体、照壁配置山茶花。以古建筑素雅的色调为背景，点缀色彩鲜艳的山茶花。保留山茶园中假山石台以及水池。取消其中原有规则式的不和谐的花坛，以假山石围合自然式种植池。总体布局以中国古典园林为风格，以建筑之精美，植物景观之自然风韵来吸引游客。

③景点设置及植物景观配置。海天一览楼与倚玉轩。构筑公园南北轴线的中心，使自然式布局的院落中也有规则式的元素，海天一览楼与倚玉轩的轴线之间，由自然式种植池来打破轴线的僵硬。

由自然式种植池将原有水池划分，组织曲折小路。此处结合两侧的假山石台，与其相统一，以山石砌筑种植池边沿。大小不同的石山高低落布局，在山石隙种植沿阶草、长春蔓。种植池内三五成丛点缀高大乔木，山玉兰、白玉兰作为上层大乔木，在大乔木间丛植各种山茶。

白族照壁。茶花园西侧与茶室相交接的白族照壁前有三层假山石台地，在保留其原有造型基础上扩大面积，修饰其外形。在第一二层山石台中点缀白玉兰，其下层片植山茶，一二层植物种植较密体现山茶的群体美。第三层以照壁的白墙青瓦为背景散植几株姿态优美的山茶，以青瓦白墙的古朴色调突出山茶艳丽的花色。

④植物选择及规划范围规划区面积：100亩。在中轴线即原中心花园近邻西侧布置山茶园，引种定植茶花母本：1500~2000株，母本园品种（玛瑙、紫袍、松子壳、牡丹茶、恨大高、童子面、松子鳞、狮子头、宝珠、大桂叶、小桂叶等），初期不低于40个，远期达100个以上品种；其中引种大规格茶花50株作为母本树和主景区观赏树。并适当加以木兰科植物，而不使景观单调（表11-11）。

表11-11   山茶园选择植物名录表

名称	商品名	拉丁学名	商品名	拉丁学名
云南山茶	粉玉兰	Camellia reticulata 'Pink Magnolia'	大桂叶	Camellia reticulata 'Large Osmantnus Leaf'
	磬口	Camellia reticulata 'Crimson Tulip'	尖叶桃红	Camellia reticulata 'Point Leaf Crimson'
	红碗茶	Camellia reticulata Camellia reticulata Lindl.	梅红桂叶	Camellia reticulata 'Rosy Osmanthus Leaf'
	小玉兰	Camellia reticulata 'Small Magnolia'	大红袍	Camellia reticulata 'Crimson Robe'
	金蕊芙蓉	Camellia reticulata 'Golden Stamen Hibiscus'	宝石花	Camellia reticulata 'Jewel Flower'
	卵叶银红	Camellia reticulata 'Ovate Leaf Spinel Pink'	大银红	Camellia reticulata 'Large Spinel Pink'
	连蕊	Camellia reticulata 'Double Bowl'	亮叶银红	Camellia reticulata 'Glossy Pink'
	赛菊瓣	Camellia reticulata 'Super Chrysanthemum Petal'	小桂叶	Camellia reticulata 'Small Osmanthus Leaf'
	丁香红	Camellia reticulata 'Lilac Red'	桂叶洋红	Camellia reticulata 'Osmanthus Leaf Carmine'
	醉娇红	Camellia reticulata 'Charming Red'	粉蝴蝶	Camellia reticulata 'Pink Butterfly'
	麻叶银红	Camellia reticulata 'Reticulate Leaf Spinel Pink'	银红蝶翅	Camellia reticulata 'Spinel Pink Butterfly Wing'
	麻叶桃红	Camellia reticulata 'Reticulate Leaf Crimson'	大理蝶翅	Camellia reticulata 'Tali Butterfly Wing'
	宝玉红	Camellia reticulata 'Red Jewel'	早桃红	Camellia reticulata 'Early Crimson'
	柳叶银红	Camellia reticulata 'Willow Leaf Spinel Pink'	厚叶蝶翅	Camellia reticulata 'Thick Leaf Butterfly Wing'
	平瓣大理茶	Camellia reticulata 'Flat Tali Camellia'	独心蝶翅	Camellia reticulata 'Single Lteart Butterfly Wing'
	迎春红	Camellia reticulata 'Welcome Spring'	赛桃红	Camellia reticulata 'Super Crimson'

名称	商品名	拉丁学名	商品名	拉丁学名
	昆明春	*Camellia reticulata 'Kunming Spring'*	大桃红	*Camellia reticulata 'Large Crimson'*
	粉红蝶翅	*Camellia reticulata 'Light Pink Butterfly Wing'*	小叶牡丹	*Camellia reticulata 'Small Leaf Paeony'*
	张家茶	*Camellia reticulata 'Chang's Camellia'*	早牡丹	*Camellia reticulata 'Early Paeony'*
	淡大红	*Camellia reticulata 'Pale Spinel Pink'*	赛牡丹	*Camellia reticulata 'Super Paeony'*
	菊瓣	*Camellia reticulata 'Chrysanthemum Petal'*	宝珠茶	*Camellia reticulata 'Red Jewellery'*
	紫袍	*Camellia reticulata 'Purple Gown'*	狮子头	*Camellia reticulata 'Lion's Head'*
	凤山茶	*Camellia reticulata 'Fengshan Camellia'*	大玛瑙	*Camellia reticulata 'Large Cornelian'*
	童子面	*Camellia reticulata 'Baby Face'*	朱砂紫袍	*Camellia reticulata 'Vermilion Purple Gown'*
	松子鳞	*Camellia reticulata 'Pine Cone Scale'*	大理茶	*Camellia reticulata Lindl. cv. 'Tali Camellia'*
	松子壳	*Camellia reticulata 'Pine Shell'*	靖安茶	*Camellia reticulata 'Tsingan Camellia'*
	鹤顶红	*Camellia reticulata 'Stork Crest Red'*	九心紫袍	*Camellia reticulata 'Nine Heart Purple Gown'*
	恨天高	*Camellia reticulata 'Dwarf Rose'*	桃红袍	*Camellia reticulata 'Pink Gown'*
云南山茶	六角恨天高	*Camellia reticulata 'Hexangular Dwarf Rose'*	晚春红	*Camellia reticulata 'Late Spring Reol'*
	一品红	*Camellia reticulata 'First Class Crimson'*	小银红	*Camellia reticulata 'Small Pink'*
	锦袍红	*Camellia reticulata 'Crimson Gown'*	玛瑙紫袍	*Camellia reticulata 'Cornelian Purple Gown'*
	牡丹茶	*Camellia reticulata 'Paeony Camellia'*	红霞	*Camellia reticulata 'Red Clouds'*
	银粉牡丹	*Camellia reticulata 'Pink Paeony'*	海云红	*Camellia reticulata*
	翠叶云红	*Camellia reticulata*	牡丹魁	*Camellia reticulata 'King Peony'*
	赛芙蓉	*Camellia reticulata 'Superior Hibiscus'*	美人红椿叶	*Camellia reticulata 'Beauty Red'*
	粉通草	*Camellia reticulata 'Pink Chrysenthemum Petal'*	鹿城春	*Camellia reticulata 'Lucheng Spring'*
	玉带红	*Camellia reticulata 'Jade Striped Red'*	紫溪	*Camellia reticulata 'Zixi'*
	丁香红	*Camellia reticulata 'Lilae Red'*	楚雄茶	*Camellia reticulata 'Chuxiong Camellia'*
	粉娥娇	*Camellia reticulata 'Pink Pretty'*	雪娇	*Camellia reticulata 'Snow Elegans'*
	邵甸茶	*Camellia reticulata 'Shaodian Camellia'*		
	锦楼春	*Camellia japnonica 'Splendid Spring'*	抓破脸	*Camellia japnonica 'Zhuapolian'*
	醉杨妃	*Camellia japnonica 'Stoned Yangfei'*	白秧茶	*Camellia japnonica 'Baiyangcha'*
华东山茶	松子	*Camellia japnonica 'Pine Scale'*	红嫦娥彩	*Camellia japnonica 'Hongchang'ecai'*
	玫瑰紫	*Camellia japnonica 'Rose Purple'*	澳洲黄	*Camellia japnonica 'Brashfield's Yellow'*
	花碧桃	*Camellia japnonica 'Flower Peach'*	南希鸟	*Camellia japnonica 'Nancy Bird'*

名称	商品名	拉丁学名	商品名	拉丁学名
华东山茶	洒金茶	*Camellia japnonica* 'Golden Pot'	沙丽	*Camellia japnonica* 'Sally Fisher'
	金盘托荔枝	*Camellia japnonica* 'Red Gore'	纤雅致	*Camellia japnonica* 'Elegans Splenor'
	东林茶	*Camellia reticulata Lindl. cv.* 'Donglin'	飞利浦	*Camellia japnonica* 'Philipapaifo'
	泽河	*Camellia reticulata* 'Zehe'	初岚	*Camellia japnonica* 'Haji Arashi'
	楚雄大理茶	*Camellia reticulata* 'Chuxiong Tali Camellia'	曙	*Camellia japnonica* 'Akebono'
	小玛瑙	*Camellia japnonica* 'Small Carnelian'	黑椿	*Camellia japnonica* 'Kuro-Tsubaki'
	大城冠	*Camellia japnonica* 'Daijokan'	昆仑黑	*Camellia japnonica* 'Konronkuro'
	窗之月	*Camellia japnonica* 'Mado-no-Tsuki'	银花斑	*Camellia japnonica* 'Silver Ruffles'
	乙女椿	*Camellia japnonica* 'Otome-Tsubaki'	春日山	*Camellia japnonica* 'Kasugayama'
	光源氏	*Camellia japnonica* 'Hikarugenji'	白金鱼叶椿	*Camellia japnonica* 'Shiro-Kingyo-Tsubaki'
	奥菲利亚	*Camellia japnonica* 'Ophelia Dent'	有乐椿	*Camellia japnonica* 'Yuraku-Tsubaki'
	花之里	*Camellia japnonica* 'Hana-no-Sato'		
茶梅	秋芍药	*Camellia sasanqua* 'Autumn Peony'	东牡丹	*Camellia sasanqua* 'East Peony'
	粉玫瑰	*Camellia sasanqua* 'Pin Rose'	笑颜	*Camellia sasanqua* 'Egao'
杂交品种	爱丽丝	*C. japnonica X C.lutchuensis* 'Alice K. Cutter'	香粉红	*Camellia japnonica X C.lutchuensis* 'Fragrant Pink'
	西娜曼	*Camellia* 'Cinnamon Cindy'		

3）杜鹃园规划。

杜鹃园是集中展示杜鹃群体美的专类园区。杜鹃花又名映山红、山石榴，为杜鹃花科杜鹃属的半常绿灌木。人称"木本花卉之王"，云南八大名花之一。云南省是我国杜鹃花的发祥地和最大分布中心，而大理杜鹃花就占全省的2/3，为利用这一优势，特在洱海公园内设杜鹃园。

杜鹃园原址已有大量松树，可作为杜鹃花园的上层乔木，为了延长杜鹃园的观赏时间，在杜鹃花之间补种槭树作为中层植被，形成槭树杜鹃园。槭树喜阳，而杜鹃较耐阴，又喜较高的空气湿度。总体上以云南松为上层乔木，中间点缀槭树类，中下层配植杜鹃，既符合不同树种生态习性的要求，又在空间构图上形成高低错落、富于变化的植物景观。四季景观上杜鹃春夏开花，槭树类秋季红叶。春夏两季翠绿的大乔木下片片花海，秋季时绿树丛中透出片片红叶。

①杜鹃园选址。

地貌特点。杜鹃生长环境要求在地形多变化的谷地、坡地和林间。西片区地形多起伏并围合成几处小型谷地，小气候环境适合杜鹃生长。西坡多为背阴面，阳光照射不强适合杜鹃生长。土壤偏酸，正是杜鹃生长所需的土壤pH值。

原有植被构成。西坡地区原有大量的松林、桉树，在逐步取代桉树的过程中进一步促进松林的生长。在原有土壤的基础上进行一定的改良，增加土壤肥力。以松树，槭树类为上中层乔木与下层的杜鹃共同生长。

水源状况。西坡区原有三个蓄水池和一大型山冲沟,从水源状况看对将来杜鹃园的灌溉提供了有利条件,也为杜鹃的生长打下良好的基础。山脊冲沟里阴凉而且空气湿度较大,适宜杜鹃生长。背景林的屏障作用。大理市主导风向为西南风,西坡本当为迎风面,在城市背景林营造形成之后将在适宜的小气候下为杜鹃创造良好的生长空间,上层乔木遮挡强烈的西南风,保证下层空气湿润。

景观视线。西坡原本干燥,树种单一,景观单调,但景观视线较好,以苍山雪、玉带云作为背景,远观田园、古城、洱海。杜鹃园以鲜艳的色彩,给白雪覆盖的苍山增添喜人春意。总体上由于西坡植被景观相对单调,杜鹃片种植将会提高西坡的景观质量,丰富整个公园景象,增加新的观景内容。

②景点设置及特色植物景观。

珠海阁:珠海阁为大理四大名阁之一,在清代就已被破坏,原址就在洱海公园西坡,在珠海阁原址基础上重建,将其放置于杜鹃花海中。珠海阁建成后将成为公园内最高的建筑物和公园主要景点。因整个公园山势起伏不大,由珠海阁来突出山势变化。

珠海阁为仿古木构架建筑,共三层。在珠海阁周围种植高大姿态优美的松柏,可以突出古建筑风韵,松树下层配植各色杜鹃花,成丛成片,使整个珠海阁被花卉簇拥着。松柏之间配置械树、枫香,每到秋季,似火红叶将整个珠海阁装点得更加古朴。登上珠海阁俯瞰四周,是望不到尽头的杜鹃花海。

息龙池:与珠海阁相距不远,有一个"S"形水池——溪龙池。溪龙池原有植被较好,池畔植被数层,高低错落,色彩和谐。原有植被及驳岸保留不变,驳岸处理为英国园林中自然式土岸,在原有空地处铺设草坪,使游人更加亲近水面。在岸边大乔木下补种各色杜鹃增加景点的可观性,中层种植械树、枫香、鸡爪械等色叶树。在伸入水面的地方点缀少数合欢,延伸到水面上的合欢枝条及水中倒影颇具自然之趣。

疏林草地:在缓坡外铺设草坪,在草坪上点缀高大的松树,下层由杜鹃将草坪围合成一个个大小不一的林中空地,形成一个个半开敞空间,为游人提供休息和观赏花朵的场所。

杜鹃花箐:北部有一条与杜鹃花园相接的山箐,山沟内植被茂密,空气湿度大,在葱绿的树木之间点缀丛丛杜鹃,以及秋色叶树,为阴凉的山沟增加几处绚丽的亮点,湿润清新的空气中夹杂着缕缕花香,除去身心的疲劳(图11-59)。

③杜鹃专类园树种选择规划面积:200亩。利用公园原有地形起伏,遍植不同品种、不同色彩的杜鹃,单瓣、重瓣,红的、黄的、白的、紫的、蓝的,或白中透绿,或粉中带红,或红里透白,或红黄相间,形成山顶是花、山腰是花、山脚是花,让人处于花云、花浪、花海、花潮之中,尽享大自然(表11-12)。

表11-12 杜鹃园长期收集及栽植杜鹃品种名录

名称	拉丁学名	名称	拉丁学名	名称	拉丁学名	名称	拉丁学名
亮叶杜鹃	*Rhododendron vernicosum*	大喇叭杜鹃	*R. excellens*	金江杜鹃	*R. elegantulum*	显萼杜鹃	*R. erythrocalyx*
海绵杜鹃	*R. aganniphum*	绵毛房杜鹃	*R. facetum*	繁花杜鹃	*R. floribundum*	匍匐杜鹃	*R. erastum*
假木荷	*Craibiodendron stellatum*	钝头杜鹃	*R. farinosum*	杂色杜鹃	*R. eclecteum*	腾冲米饭花	*Lyonia bracteata*

名称	拉丁学名	名称	拉丁学名	名称	拉丁学名	名称	拉丁学名
吊钟花	*Enkianthus quinqueflorus*	密枝杜鹃	*R. fastigiatum*	贡山杜鹃	*R. gongshanense*	华丽杜鹃	*Rhododendron eudoxum*
齿缘吊钟花	*Enkianthus serrulatus*	啄尖杜鹃	*R. esetulosum*	长萼杜鹃	*R. diphrocalyx*	柔毛碎米花	*R. mollicomum*
越南吊钟花	*Enkianthus rubra*	灌丛杜鹃	*R. dumicola*	落毛杜鹃	*R. detonsum*	异鳞杜鹃	*R. micromeres*
芳香白珠	*Gaultheria fragrantissima*	绵毛杜鹃	*R. floccigerum*	泡泡叶杜鹃	*R. edgeworthii*	短蕊杜鹃	*R. microgynum*
圆基木藜芦	*Leucothoe tonkinensis*	假乳黄杜鹃	*R. fictolacteum*	似血杜鹃	*R. haematodes*	蒙自杜鹃	*R. mengtszense*
不凡杜鹃	*R. insigne*	双被杜鹃	*R. bivelatum*	弯柱杜鹃	*R. campylogynum*	弯月杜鹃	*R. mekongense*
易混杜鹃	*R. impeditum*	宽钟杜鹃	*R. beesianum*	革叶杜鹃	*R. coriaceum*	怒江杜鹃	*R. saluenense*
粉果杜鹃	*R. hylaeum*	多叶杜鹃	*R. bathyphyllum*	瓣萼杜鹃	*R. catacosmum*	大萼杜鹃	*R. megacalyx*
凉山杜鹃	*R. huianum*	粗枝杜鹃	*R. basilicum*	砾石杜鹃	*R. comisteum*	绒毛杜鹃	*R. pachytrichum*
灰背杜鹃	*R. hppophaeoides*	腺果杜鹃	*R. davidii*	腺蕊杜鹃	*R. codonanthum*	蜡叶杜鹃	*R. lukiangense*
粉背碎米花	*R. hemitrichotum*	暗绿杜鹃	*R. atrovirens*	麻点杜鹃	*R. clementinae*	杯萼杜鹃	*R. pocophorum*
亮鳞杜鹃	*R. heliolepis*	毛喉杜鹃	*R. cephalanthum*	橙黄杜鹃	*R. citriniflorum*	粉背杜鹃	*R. pingianum*
腺花杜鹃	*R. glanduliferum*	银叶杜鹃	*R. argyrophyllum*	纯黄杜鹃	*R. chrysodoron*	栎叶杜鹃	*R. phaeochrysum*
滇南杜鹃	*R. hancockii*	窄叶杜鹃	*R. araiophyllum*	雅容杜鹃	*R. charitopes*	宽柄杜鹃	*R. rothschildii*
紫背杜鹃	*R. forrestii*	团花杜鹃	*R. anthosphaerum*	云雾杜鹃	*R. chamaethomsonii*	菱形叶杜鹃	*R. rhombifolium*
粗毛杜鹃	*R. habrotrichum*	棕背杜鹃	*R. alutaceum*	密叶杜鹃	*R. densifolium*	大王杜鹃	*R. rex Lévl.*
广南杜鹃	*R. guangnanense*	亮红杜鹃	*R. albertsenianum*	光蕊杜鹃	*R. coryanum*	腋花杜鹃	*R. racemosum*
朱红大杜鹃	*R. griersonianum*	腺房杜鹃	*R. adenogynum*	银灰杜鹃	*R. sidereum*	山育杜鹃	*R. oreotrephes*
漏斗杜鹃	*R. dasycladoides*	蝶花杜鹃	*R. aberconwayi*	多趣杜鹃	*R. stewartianum*	毛脉杜鹃	*R. pubicostatum*
粘毛杜鹃	*R. glischrum*	毛萼杜鹃	*R. bainbridgeanum*	宽叶杜鹃	*R. sphaeroblastum*	直枝杜鹃	*R. orthocladum*
皱叶杜鹃	*R. denudatum*	绣红杜鹃	*R. complexum*	糠秕杜鹃	*R. sperabiloides*	矮生杜鹃	*R. proteoides*
大芽杜鹃	*R. gemmiferum*	附生杜鹃	*R. dendricola*	纯红杜鹃	*R. sperabile*	平卧杜鹃	*R. pronum*
镰果杜鹃	*R. fulvum*	大白花杜鹃	*R. decorum*	红花杜鹃	*R. spanotrichum*	露珠杜鹃	*R. irroratum*
光枝杜鹃	*R. haofui*	毛瓣杜鹃	*R. dasypetalum*	大果杜鹃	*R. sinonuttallii*	矮小杜鹃	*R. pumilum*
夺目杜鹃	*R. arizelum*	星毛杜鹃	*R. kyawi*	凸尖杜鹃	*R. sinogrande*	圆叶杜鹃	*R. williamsianum*

名称	拉丁学名	名称	拉丁学名	名称	拉丁学名	名称	拉丁学名
美被杜鹃	R. calostrotum	蓝果杜鹃	R. cyanocarpum	厚叶杜鹃	R. sinofalconeri	黄杯杜鹃	R. wardii
锈红毛杜鹃	R. bureavii	楔叶杜鹃	R. crinigerum	紫蓝杜鹃	R. russatum	柳条杜鹃	R. virgatum
锈叶杜鹃	R. siderophyllum	糙毛杜鹃	R. trichocladum	线萼杜鹃	R. linearilobum	红马银花	R. vialii
光柱杜鹃	R. tanastylum	川滇杜鹃	R. traillianum	腺绒杜鹃	R. leptopeplum	泡毛杜鹃	R. vesiculiferum
瑞丽杜鹃	R. shweliense	灰被杜鹃	R. tephropeplum	鳞腺杜鹃	R. lepidotum	硫黄杜鹃	R. sulfureum
刚毛杜鹃	R. setiferum	滇藏杜鹃	R. temenium	常绿糙毛杜鹃	R. lepidostylum	紫玉盘杜鹃	R. uvarifolium
圆头杜鹃	R. semnoides	豆叶杜鹃	R. telmateium	侧花杜鹃	R. lateriflorum	大理杜鹃	R. taliense
多变杜鹃	R. selense	硬叶杜鹃	R. tatsienense	石生杜鹃	R. lapidosum	毛嘴杜鹃	R. trichostomum
黄花泡叶杜鹃	R. seinghkuense	狭萼杜鹃	R. tapetiforme	云南杜鹃	R. yunnanense	樱草杜鹃	R. primulaeflorum
裂萼杜鹃	R. schistocalyx	多色杜鹃	R. rupicola	招展杜鹃	R. megeratum	魁斗杜鹃	R. praestans
血红杜鹃	R. sanguineum	越橘杜鹃	R. vaccinioides	翘首杜鹃	R. protistum	多枝杜鹃	R. polycladum
隐蕊杜鹃	R. intricatum	黄花杜鹃	R. lutescens	红毛杜鹃	R. rufohirtum	卷叶杜鹃	R. roxieanum
杜鹃	R. simsii	峨马杜鹃	R. ochraceum	红粗毛杜鹃	R. rude	宝兴杜鹃	R. moupinense
昭通杜鹃	R. tsaii	德钦杜鹃	R. nakotiltum	红棕杜鹃	R. rubiginosum	鲜黄杜鹃	R. xanthostephanum

4）东片区岩石园规划。

①岩石园的选址。洱海公园东片区为新开发的地区，大部分山体裸露。阳光照射充足，地形开阔，空气流通。地形：自然式岩石园最为理想的地形为坡地，东片区大部分为坡地，适合建造岩石园。植被：在东片区周围有较为茂密的树林可作为岩石园背景。

②岩石园规划原则。规划为自然式岩石园，在原有地形基础进行微地形处理，打破了原本相对平坦的地形。在地形基础上依山叠石，模仿自然堆置天然形态的山石，岩石起伏、丘壑成趣。石间点缀花草，做到花中有石、石中有花、花石相间，远眺万紫千红、花团锦簇，近观怪石峥嵘、参差连接，形成绝妙的高山植物景观。植物选择石竹科、报春花科、龙胆科、十字花科等数百种高山植物。

③岩石园植物配植。整个岩石园以低矮的花草、灌木与石山为主，局部点缀榕树作为上层植被。大小形态不一的山石叠在一起，石隙中生出一丛丛色彩艳丽的花朵，将原本干枯单调的山坡装点得色彩斑斓、生机勃勃。在山坡上人工开凿一些种植穴，填土种花，使花与山石浑然天成。

道路植物配置：道路线型设计为曲折多变的自然曲线，台阶、蹬道以石块铺设。在小路、蹬道、台阶的边缘和缝隙间点缀花卉，体现自然野趣。

浮雕墙的植物配置：岩石园设置一面浮雕墙，体现大理文化。在每段浮雕墙上部种植高大的榕树，中层栽植常绿灌木，下层为草本花卉。以绿色背景突出浮雕墙，将游人的视线集中到浮雕墙的内容上。浮雕墙的墙角点缀少量色彩淡雅的岩石花卉来作为装饰（图11-60）。

5）岩石园植物选择。

岩石园选择的植物名录，见表11-13。

表11-13

岩石园选择的植物名录

名称	拉丁学名	名称	拉丁学名	名称	拉丁学名
金边龙舌兰	Agave americana cv.marginata	魔芋	Amorpgophallus ririeri	紫萁	Osmunda Japonica
龙舌兰	Agave americana	象天南星	Arisaema elephas	红花酢浆草	Oxalis corymbosa
丝兰	Yucca smalliana	岩生南星	Arisaema saxatile	火炭母草	Polygonum chiensis
金边丝兰	Yucca filamentosa	芋	Colocasia esculenta	草血竭	Polygonum paleaceum
石蒜	Lycoris radiata	过山龙	Rhaphidophora decursiva	戟叶酸模	Rumex hastatus
红菖蒲	Zephyranthes grandiflora	尾花细辛	Asarum caudigerum	叶头过路黄	Lysimachia phyllocephala
清香木	Pistacia weinmannifolia	花脸细辛	Asarum chingchengense	丽江乌头	Aconitum forrestii
鸡骨常山	Alstonia yunnanensis	夹叶马利筋	Asdepias angustifolia	黄草乌	Aconitum vilnaorinianum
大纽子花	Vallaris indecora	全缘锥花小檗	Berberis aggregata	野棉花	Anemone vilifolia
金钱蒲	Acorus gramineus	川滇小檗	Berberis jamesiana	升麻	Cimicifuga foetida
粉叶小檗	Berberis pruinosa	令箭荷花	Nopalxochia ackermannii	角萼翠雀花	Delphinium ceratophorum
小檗	Berberis thunkergii	仙人掌	Opuntia dillenii	芍药	Paeonia lactiflora
紫叶小檗	Berberis thunbergii var. atropurpurea Chenault	蟹爪兰	Zygocactus truncatus	铺地蜈蚣	Cotoneaster horizontalis
金花小檗	Berberis wilsonae	蜡梅	Chimonanthus praecox	蛇莓	Duchesnea indica
南天竹	Nandina domestica	圆叶风铃草	Campanula rotundifolia	黄毛草莓	Fragaria nilgrrensis
两头毛	Incarvillea arguta	珍珠柏	Sabina chinensis	东方草莓	Fragaria orientalis
白花两头毛	Incarvillea arguta	小叶六	Abelia parvifolia	狭叶火棘	Pyracantha angustifolia
硬骨凌霄	Tecomaria capensis	四川忍冬	Lonicera szechuanica	火棘	Pyracantha fortuneana
板凳果	Pachysandra axillaris	荚蒾	Viburnum dilatatum.	野蔷薇	Rosa multiflora
卧龙	Eriocereus bonplandii	南蛇藤	Celastrus orbiculatus	松下梅	Rubus hypopitys
吊竹梅	Zebrina pendula	长寿花	Kalanchoe blossfeldiana	地榆	Sanguisorba officinalis
毛裂蜂斗菜	Petasites tricholobus	不死鸟	Kalanchoe hybrid	麻叶绣球	Spiraea cantoniensis
绿铃	Senecio nowleyanus	指叶落地生根	Kalanchoe tubiflora	红毛虎耳草	Saxifraga rufescens
黑法师	Aeonium arboreum	七景天	Sedum aizoon	紫萼蝴蝶草	Torenia flava
匙叶莲花掌	Aeonium spathulatum	凹叶景天	Sedum emarginatum	翠云草	Selaginella ancineta
轮回	Cotyledon orbiculata	佛甲草	Sedum lineare	冬珊瑚	Solanum pseudocapsicum
玉树	Crassula arborescens	角景天	Sedum morganianum	旱金莲	Tropoeolum majus
筒叶花月	Crassula argentea	垂盆草	Sedum sarmentosum	五色梅	Lantana camara
厚叶石莲花	Echeveria agavoides	景天	Sedum spp.	紫花地丁	Viola labridorica
石莲花	Echeveria glauca	八宝	Sedum spectabile Boreau.	金雀花	Caragana sinica
香柏	Chamaecyparis robusta	荷苞牡丹	Dicenera spectabilis	小雀花	Compytropis polyantha

名称	拉丁学名	名称	拉丁学名	名称	拉丁学名
藏柏	*Cupressus torulosa*	粗茎龙胆	*Gentiana crassicaulis*	长春油麻藤	*Mucuna sempervirens*
铺地龙柏	*Sabina coxii Sabina chinensis cr.Kaizuca Procumbons*	獐牙菜	*Swartia bimaculata*	丽江冷杉	*Abies forrestii*
香附子	*Cyperus rotundus*	五叶草	*Geranium nepalense Sweet.*	丽江云杉	*Picea likiangensis*
肾蕨	*Nephrolepis cordifolia*	马蹄纹天竺葵	*Pelargonium zonale Ait*	云杉	*Picea likiangensis*
碎米杜鹃	*R. speciferum*	长尖芒毛苣苔	*Aescbynanthus acuminatissimus*	竹节蓼	*Homalocladium platycladum*
金刚纂	*Euphorbia antiquorum*	荷花藤	*Aescbynanthus bracteatus*	中华山蓼	*Oxyria sinensis*
虎刺梅	*Euphorbia milii*	黄杨叶芒毛苣苔	*Aeschynanthus buxifolius*	头花蓼	*Polygonum capitatum*
霸王鞭	*Euphorbia royleana*	石胆草	*Corallodiscus flabellatus*	黄牡丹	*Paeonia lutea*
金钩如意草	*Corydalis taliensis*	蒙自吊石苣苔	*Lysionotus carnosus*	牡丹	*Paeonia suffruticosa*
宽叶吊石苣苔	*Lysionotus pauciflorus*	川滇香薷	*Elsholrzia souliei*	偏翅唐松草	*Thalictrum delavayi*
红木	*Loropetalum chinense var. rubrum*	云南鼠尾	*Salvia yunnanensis*	云南金莲花	*Thalictrum yunnanensis*
栽秧花	*Hypericum ocmocephalum*	滇黄芩	*Scutellaria amoena*	川滇鼠李	*Rhamnus gilgiana*
绒叶仙茅	*Curculigo crassifolia*	木立芦荟	*Aloe arborescens*	匍匐栒子	*Cotoneaster adpressus*
中华仙茅	*Curculigo sinensis*	芦荟	*Aloe vera*	云南栒子	*Cotoneaster franchetii*
德国鸢尾	*Iris germanica*	卵叶天门冬	*Asparagus asparagoides*	平枝栒子	*Cotoneaster horizontalis*
扁竹兰	*Iris confuea*	云南大百合	*Cardiocrinum giganteam*	小叶栒子	*Cotoneaster microphyllus*
尼泊尔鸢尾	*Iris decora*	波叶吊兰	*Chlorophytum nepalense*	柳叶栒子	*Cotoneaster salicifolius*
矮紫苞鸢尾	*Iris ruthenica*	芒兰	*Eucomis comosa*	金边白马骨	*Serissa foetida*
中甸鸢尾	*Iris subdichotoma*	雉鸡尾	*Haworthia fasciata*	武竹	*Asparagus myriocladuo*
萱草	*Hemerocallis fulva*	多花野牡丹	*Melastoma polyanthum*	松风草	*Boenninghausenia*
矮萱草	*Hemerocallis nana*	尖子木	*Oxyspora paniculata*	九里香	*Murraya paniculata*
玉簪	*Hosta plantaginea*	盐肤木	*Rhus chinensis*	竹叶椒	*Zanthoxylum armatum*
紫萼	*Hosta ventricosa*	山乌龟	*Stephania epigaea*	异叶花椒	*Zanthoxylum ovalifolium*
虎眼万年青	*Ornithogalum caudatum*	地石榴	*Ficus tikoua*	三白草	*Saururus chiensis*
滇黄精	*Polygonatum kingianum*	地涌金莲	*Musella lasiocarpa*	岩白菜	*Bergenia purpurascens*
点花黄精	*Polygotum punctatum*	矮杨梅	*Myrica nana*	展毛野牡丹	*Melastoma normale*
白玉兰	*Magnolia denudata*	虎头兰	*Cymbidium hookerianum*		
云南含笑	*Michelia yunnanensis*	羽扇豆	*Lupinus russell*		

参考文献

[1] 理查德·L.奥斯汀. 植物景观设计元素. 北京：中国建筑工业出版社，2005.

[2] 庄莉彬. 园林植物造型技艺. 福建：福建科学技术出版社，2004.

[3] 李文敏. 园林植物与应用. 北京：中国建筑工业出版社，2006.

[4] 吴涤新. 园林植物景观. 北京：中国建筑工业出版社，2004.

[5] 朱钧珍. 中国园林植物景观艺术. 北京：中国建筑工业出版社，2003.

[6] 中国勘察设计协会园林设计分会. 风景园林设计资料集——园林植物种植设计. 北京：中国建筑工业出版社，2003.

[7] 俞仲辂. 新优园林植物选编. 杭州：浙江科学技术出版社，2005.

[8] 蔡如. 植物景观设计（现代造园丛书）. 昆明：云南科学技术出版社，2005.

[9] 陈少亭. 植物景观艺术设计（环境艺术设计专业适用）. 北京：中国建筑工业出版社，2005.

[10] 周武忠，徐德嘉. 植物景观意匠. 南京：东南大学出版社，2002.

[11] 何平，彭重华. 城市绿地植物配置及其造景. 北京：中国林业出版社，2001.

[12] 刘建秀. 草坪·地被·观赏草. 东南大学出版社，2001.

[13] 兰茜丁·奥德诺. 观赏草及其景观配置. 刘建秀，译. 北京：中国林业出版社，2004.

[14] 苏雪痕. 植物造景. 北京：中国林业出版社，1994.

[15] 卢圣，侯芳梅. 植物造景. 北京：气象出版社，2004.

[16] 高桥一郎，三桥一夫. 花园别墅造园实例图册4——树木·草坪·花卉. 北京：中国建筑出版社，2002.

[17] 朱仁元，金涛. 城市道路·广场植物造景. 辽宁科学出版社，2003.

[18] 陈月华，王晓红. 植物景观设计. 北京：国防科技大学出版社，2005.

[19] 温扬真. 园林植物布置. 桂林：广西科学技术出版社，2000.

[20] 蔡如，韦松林. 植物景观设计. 昆明：云南科技出版社，2005.

[21] 周厚高. 地被植物景观. 贵阳：贵州科技出版社，2006.

[22] 李尚志，钱萍，等. 现代水生花卉. 广州：广东科技出版社，2003.

[23] 喻勋林，曹铁如. 水生观赏植物. 北京：中国建筑工业出版社，2005.

[24] 克劳斯顿. 风景园林植物配置. 陈自新，徐慈安，译. 北京：中国建筑工业出版社，1992.

[25] 文健，娄建新. 园林景观配置设计与表现. 北京：北京交通大学出版社，2011.

[26] 曾明颖. 园林植物与造景. 重庆：重庆大学出版社，2018.

作者简介

刘云凤

昆明理工大学副教授、硕士生导师，园林高级工程师，中国城市经济学会副秘书长、中国城市经济学会智慧园林专业委员会主任、中国室内装饰协会特聘专家、中国室内装饰协会室内景观规范编制主编。曾在西南林业大学长期从事园林景观设计、城市绿地系统规划、园林植物配置设计、风景区旅游景观规划、城市形象设计等方向的教学，编著有《园林植物景观设计与运用》，获"云南省优秀教材"奖。出版著作《新中国园林70年》，收录于中国社会科学院主持的"新中国城市发展研究丛书"。主持国家室内景观施工规范编制；发表园林专业相关论文约30篇；主持园林项目30余项：其中从设计、实施到项目综合运营1000万以上项目10余项，上亿元项目2项，分别涉及旅游地产项目综合策划及运营、旅游景观规划与实施、城市河道治理、道路景观、城市广场、公园、楼盘景观等。2019年6月参与北京世界园艺博览会园林造景国际竞赛，主持作品《共生》，获得银奖。